FOCUS SCIENCES

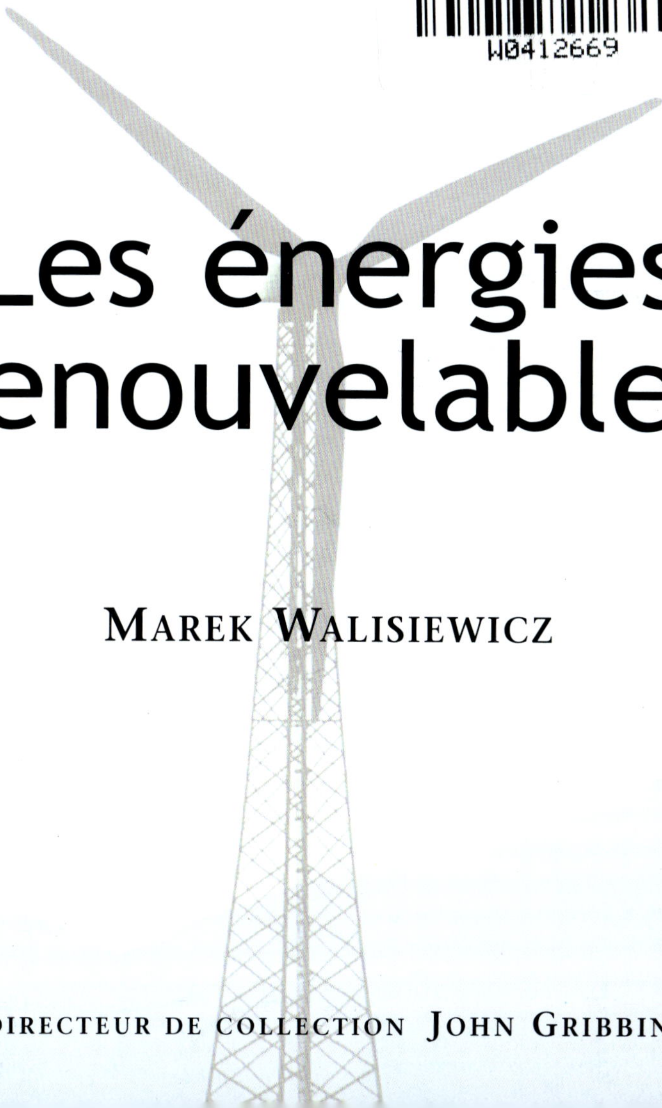

Les énergies renouvelables

MAREK WALISIEWICZ

DIRECTEUR DE COLLECTION JOHN GRIBBIN

LONDRES, NEW YORK, MUNICH,
MELBOURNE, DELHI

DORLING KINDERSLEY
LONDRES

Édition originale, Royaume-Uni, 2002
Publié par Dorling Kindersley Limited
80 Strand, Londres WC2R 0RL
ISBN : 0-7513-3977-6

Édition française, France, 2003
Publié par Pearson Education France
47 bis, rue des Vinaigriers, 75010 Paris
ISBN : 2-7440-1598-9

Traduction : Stéphane Pauquet
Mise en pages : Sampeur !

Sommaire

Accros à l'énergie

Il y a à peine 250 ans, nos ancêtres dépendaient encore entièrement des sources d'énergie naturelles. Les charrues étaient tirées par des bœufs et la force musculaire était la principale force motrice des activités humaines. Aujourd'hui, elle ne représente plus que 1 % du travail fourni dans les pays industrialisés, et les innombrables produits et services que nous considérons comme acquis doivent leur existence à l'utilisation massive de combustibles fossiles : charbon, pétrole et gaz naturel. La prospérité du monde industrialisé en est totalement dépendante et, jusqu'ici, nous avons agi comme si ces ressources étaient inépuisables. Mais les temps ont changé : les guerres et les crises politiques nous ont révélé les dangers de notre dépendance énergétique, dont l'impact sur l'environnement n'est plus à prouver. L'ère des combustibles fossiles touche à sa fin et sera peut-être un jour considérée comme une anomalie de l'Histoire. Le temps est venu de nous affranchir de cette source d'énergie, mais la transition ne sera certainement pas simple.

Flamme de gaz

La détection et l'extraction de réserves souterraines de combustibles fossiles sont en soi un processus coûteux en énergie. Ici, l'on chasse le gaz d'une plate-forme pétrolière fermée pour maintenance.

La répartition des réserves

Les ressources disponibles
Cette carte présente l'inégale répartition des réserves connues de combustibles fossiles sur la planète. La disparité entre distribution et consommation entraîne le transport de carburant sur de très longues distances.

Notre société se caractérise par une soif d'énergie intarissable, la demande mondiale ayant triplé depuis les années 50 pour atteindre une valeur annuelle de 10 milliards de tonnes d'équivalent pétrole (tep). D'après le Conseil Mondial de l'Énergie, la consommation énergétique pourrait encore doubler d'ici 2020. La majorité de cette énergie est d'origine fossile – charbon, gaz naturel et surtout pétrole, actuellement la ressource la plus importante de la planète.

Les réserves de pétrole dont nous dépendons proviennent d'accumulations de matière organique sur le fond d'anciennes mers très riches en microplancton. Cette matière est transformée en hydrocarbures suite à la pression exercée par les importantes couches

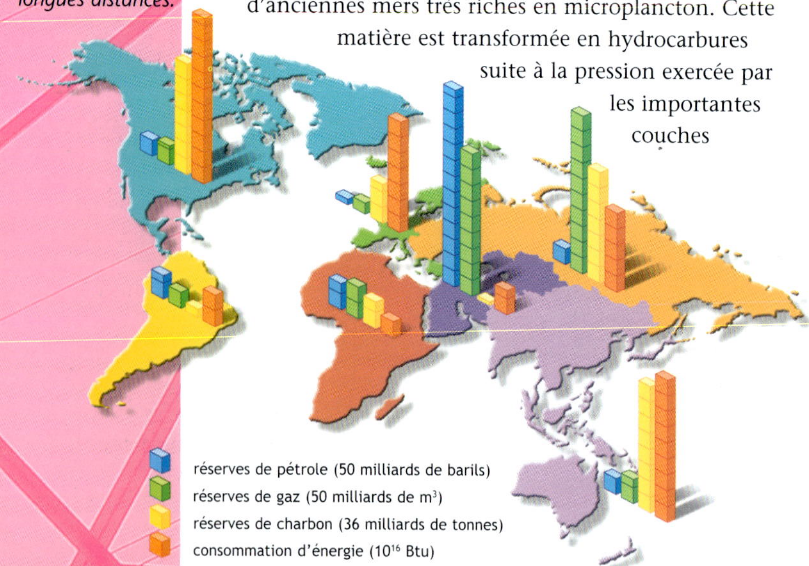

Qu'est-ce que l'énergie ?

L'énergie n'est pas palpable : on ne peut ni la voir, ni la toucher, mais seulement observer ses effets, et nous ne la valorisons qu'au travers des services qu'elle nous rend. Les scientifiques définissent l'énergie comme la capacité de produire un travail, c'est-à-dire d'arracher un objet à sa force d'inertie. Un club de golf en action est ainsi doté d'énergie parce qu'il a le pouvoir de propulser une balle dans les airs. On parle dans ce cas d'énergie cinétique. Une autre forme d'énergie est l'énergie potentielle, dont l'exemple le plus classique est celui de l'eau retenue par un barrage, qui, bien qu'immobile, a le potentiel de produire un travail une fois lâchée. Les autres formes d'énergie (calorifique, chimique, électrique et nucléaire) peuvent toutes être classées dans l'une ou l'autre de ces deux catégories : la chaleur d'un objet est simplement due au mouvement de ses atomes, l'énergie chimique du pétrole provient de l'énergie potentielle de ses liaisons moléculaires et l'énergie électrique est un flux d'électrons en mouvement le long d'un élément conducteur. Le premier principe de la thermodynamique postule que l'énergie ne peut être ni créée, ni détruite. Lorsque nous « générons » ou « consommons » de l'énergie, nous ne faisons que la convertir d'une forme à l'autre, processus qui n'est du reste jamais efficace à 100 %.

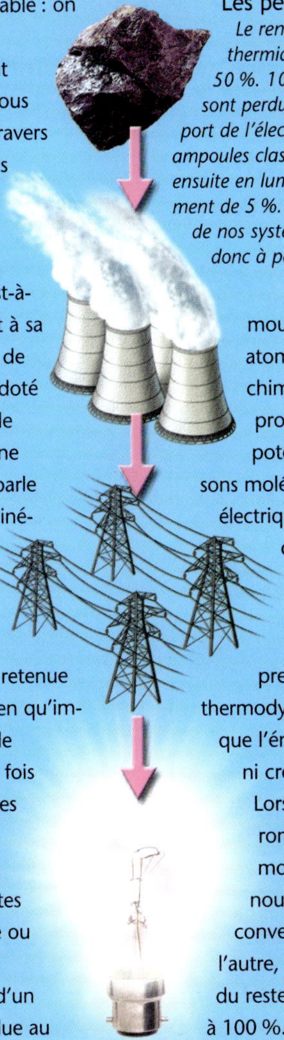

Les pertes d'énergie

Le rendement d'une centrale thermique au charbon est de 50 %. 10 % supplémentaires sont perdus au cours du transport de l'électricité produite, que les ampoules classiques convertissent ensuite en lumière avec un rendement de 5 %. Au final, le rendement de nos systèmes d'éclairage est donc à peine supérieur à 2 %.

La mesure de l'énergie

L'unité de mesure de l'énergie est le joule (J). Un joule représente une si petite quantité d'énergie que l'on a généralement recours à des multiples, tels que le MJ (mégajoule), le GJ (gigajoule) et le TJ (térajoule, mille milliards de joules), pour exprimer la valeur énergétique des différents combustibles. Par ailleurs, chaque carburant a son unité propre : un baril de pétrole est par exemple équivalent à 6,1 GJ, tandis qu'un mètre cube de gaz est équivalent à 36 MJ, une tonne de charbon à 25 GJ et une Btu (British thermal unit) à 1,055 J. La puissance, le taux de conversion ou d'utilisation de l'énergie, s'exprime en watts (W) (1 W = 1 J/s).

James Watt
Cest à l'inventeur de la machine à vapeur que l'unité de puissance doit son nom.

sédimentaires venues s'y superposer au cours des millénaires. Les gisements de charbon et de gaz naturel ont mis à peu près autant de temps à se former. Il en découle tout logiquement que les combustibles fossiles existent en quantité limitée ; quelle que soit l'efficacité des techniques employées pour leur extraction, ces ressources seront épuisées un jour ou l'autre.

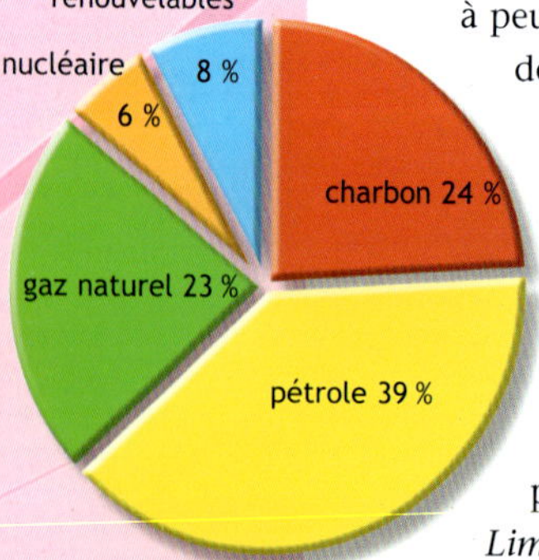

La satisfaction de la demande
Ce graphique indique la proportion relative de nos différentes sources d'énergie.

Combien en reste-t-il ?

En 1972, un groupe de scientifiques et de planificateurs publia un ouvrage choc, *Les Limites de la Croissance*, dans lequel ils se livraient à une série de prédictions sur l'avenir de la société industrielle. Entre autres conjectures, cet essai annonçait que les ressources de pétrole mondiales seraient épuisées dès 1992. Ces prévisions étaient visiblement erronées, ce qui révèle les limites de tels pronostics. Premièrement, il est difficile d'évaluer avec précision l'étendue des ressources disponibles : alors que les gisements de charbon les plus riches affleurent généralement à la surface, les réserves de pétrole et de gaz naturel peuvent être enfouies à plusieurs kilomètres de profondeur. L'évolution perpétuelle des techniques d'exploration et d'extraction permet d'exploiter des ressources jusque-là considérées inaccessibles. Secondement, il est difficile de prédire l'évolution de la consommation. En effet, la consommation énergétique ne suit pas toujours le niveau économique d'un pays et a plutôt tendance à évoluer de manière imprévisible. Aux États-Unis, elle a par exemple progressé de 4,5 % par an pendant les années 60, pour chuter de 11 % au début des années 80.

En bref, la « durée de vie » estimée des réserves de pétrole, de gaz naturel et de charbon (respectivement de 40, 70 et 250 ans), est à considérer avec beaucoup de précautions. De fait, la plupart des experts rejettent l'idée qu'une pénurie de l'une de ces sources d'énergie vienne affecter le développement économique des prochaines décennies.

Notre héritage énergétique

Notre dépendance vis-à-vis des combustibles fossiles est une conséquence directe de notre histoire. Les machines à vapeur qui rendirent possible la Révolution industrielle

Le pétrole à la rescousse des baleines

Au milieu du XIXe siècle, la baleine franche était chassée à raison de 15 000 individus par an pour l'huile contenue dans sa cavité nasale. Cette huile constitue un excellent combustible pour lampes et bougies.

Les mines à ciel ouvert

Environ 60 % de la production mondiale de charbon a lieu dans des mines à ciel ouvert, où des engins géants prélèvent le minerai par morceaux de la taille d'une maison.

nécessitaient une source d'énergie compacte et aisément transportable : le charbon. Puis l'invention du moteur à combustion interne vers 1870 inaugura l'utilisation d'un carburant liquide à haute valeur énergétique : le pétrole. Depuis lors, toute notre infrastructure économique s'est développée autour de ces énergies fossiles économiques et abondantes : centrales électriques, transports et même chauffage domestique. Or un grand nombre de ces technologies deviennent obsolètes dans le contexte énergétique actuel. Prenez par exemple un moteur

Les centrales

Les centrales électriques à combustibles fossiles occupent une place privilégiée dans les pays industrialisés. Les systèmes les plus efficaces fonctionnent au gaz naturel, convertissant jusqu'à 50 % de son énergie chimique en électricité. Ceci a lieu en deux étapes : le gaz est tout d'abord mélangé à de l'air comprimé, puis brûlé dans une chambre de combustion. Les gaz d'échappement résultants servent à activer les turbines d'un générateur électrique, puis sont injectés au sein d'une chaudière, où ils viennent transformer en vapeur l'eau contenue dans des canalisations. Celle-ci entraîne un autre groupe de turbines, liées elles aussi à un générateur.

Les générateurs
Le générateur d'une centrale électrique est comparable à une énorme dynamo : des aimants géants y sont entraînés à une vitesse de 3 000 tours/min, créant un courant électrique dans les bobines de cuivre périphériques, connues sous le nom d'armature.

de voiture : la majeure partie de l'énergie chimique produite par la combustion de l'essence y est perdue sous forme de chaleur. Or, bien que les moteurs électriques présentent un rendement nettement supérieur, plus de 99 % des automobiles fonctionnent toujours à l'essence. Il semblerait qu'en matière de consommation d'énergie, l'homme ait perdu son sens de la raison, notamment dans les pays riches. Notre soif d'énergie a conduit à la centralisation de la production et de la distribution d'énergie, la plaçant entre les mains d'une

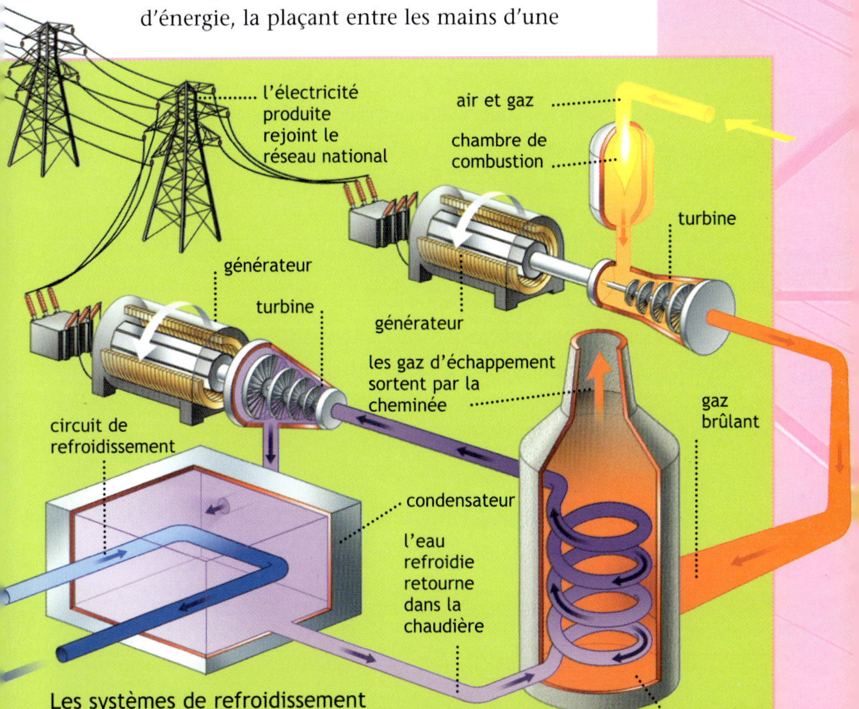

Les systèmes de refroidissement

Une fois que la vapeur a traversé les turbines, elle est condensée et l'eau réinjectée dans la chaudière pour un nouveau cycle. L'eau réchauffée par la vapeur est entraînée vers des tours de refroidissement, où elle est pulvérisée sur des lits de gravier maintenus à température ambiante par un mouvement d'air permanent.

Un poids dans la balance
Chaque citoyen américain consomme quotidiennement l'équivalent énergétique de 35 kg de charbon, un taux de consommation cinq fois plus élevé que la moyenne mondiale.

poignée de gouvernements et de compagnies pétrolières. Les diverses activités liées au commerce des combustibles fossiles impliquent d'importants investissements et les réserves sont très inégalement réparties sur la planète. Le Moyen-Orient concentre ainsi sur moins de 0,5 % des terres émergées plus de 50 % des ressources pétrolières mondiales, tandis que les États-Unis disposent de plus du quart des réserves de charbon. La production d'électricité est contrôlée par un très petit nombre de sociétés, qui possèdent des milliers de centrales thermiques et nucléaires de par le monde.

Si nous sommes à l'abri d'un épuisement imminent des réserves de carburants fossiles et qu'il est dans l'intérêt de certaines entreprises et de certains gouvernements d'entretenir notre dépendance énergétique, les choses risquent de durer ainsi pendant encore un certain temps. C'est compter sans les nouveaux enjeux économiques, environnementaux et politiques qui devraient profondément bouleverser notre rapport à l'énergie. Ces différentes forces sont présentées dans la section suivante.

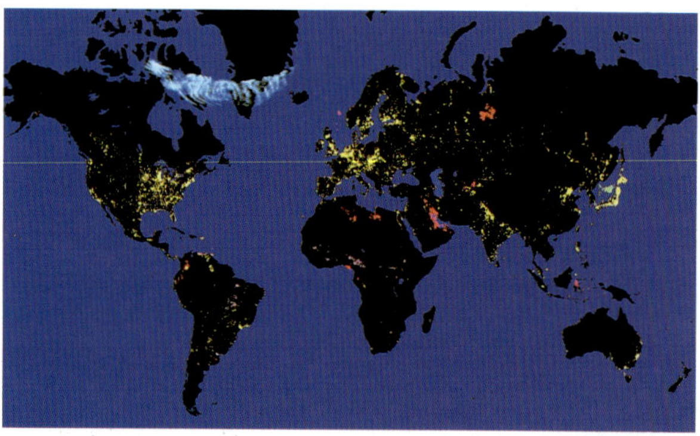

La planisphère de la consommation
Cette vue nocturne reflète la distribution de la consommation d'électricité sur la planète, révélant une forte prépondérance des pays industrialisés (en jaune). Les zones orangées correspondent aux champs de pétrole.

Les limites de la croissance

Jusqu'aux années 60, les États-Unis étaient entièrement autonomes en terme de pétrole, puisant suffisamment « d'or noir » au Texas et en Louisiane pour satisfaire la demande nationale. À l'heure actuelle, la moitié de leur consommation est assurée par des importations en provenance du Moyen-Orient, d'Amérique Centrale et du Nigeria, ce qui rend le pays hautement sensible à la situation politique internationale : par exemple, en 1973, les membres arabes de l'OPEP (Organisation des Pays Exportateurs de Pétrole) décidèrent un embargo contre certains pays occidentaux. Le prix du baril tripla du jour au lendemain, frappant l'économie américaine de plein fouet. Ce phénomène s'est répété durant la Révolution iranienne et la guerre du Golfe. Ces deux crises pétrolières incitèrent les gouvernements des pays touchés à prendre des mesures d'économie d'énergie et à investir dans les énergies renouvelables, mais ces résolutions furent de courte durée.

“Sur cette planète surpeuplée plus aucune affaire n'est strictement nationale.”
Alexandre Soljenitsyne, prix Nobel de littérature

Une planète peuplée
L'augmentation de la population mondiale au cours des prochaines décennies aura de profondes conséquences sur les politiques et stratégies de production et d'approvisionnement d'énergie.

Prospection et exploitation

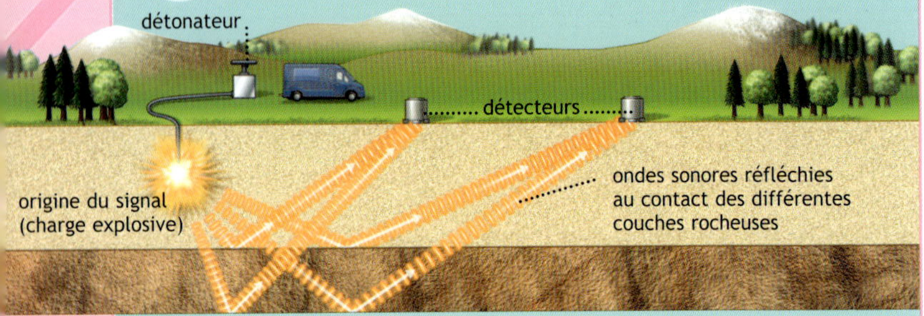

Pétrole, gaz naturel et charbon sont tous trois issus de la lente transformation de matière organique sous l'effet combiné de la pression et de la chaleur exercées par d'épaisses couches sédimentaires. Les deux premiers combustibles sont des fluides pouvant traverser les roches poreuses et s'éloigner de leur point d'origine. On les retrouve fréquemment piégés sous des couches rocheuses imperméables. Les plus gros gisements contiennent jusque 500 millions de barils. La prospection repose sur diverses techniques géologiques, après quoi l'on procède à des tests de forage. Une fois le puits creusé, ses parois sont tapissées d'une gaine protectrice et des valves mises en place pour contrôler le flux sortant.

Les études sismiques

Le son produit par une détonation en surface est réfléchi au contact des différentes couches rocheuses. Ce phénomène permet aux géologues d'établir des carte du sous-sol pour la détection de réserves de pétrole ou de charbon.

Des richesses piégées

Les gisements de pétrole et de gaz naturel sont souvent piégés par des roches imperméables, au niveau de plis anticlinaux. S'ils ne jaillissent pas de leur propre pression, de l'eau ou de la vapeur est injectée pour les faire monter à la surface.

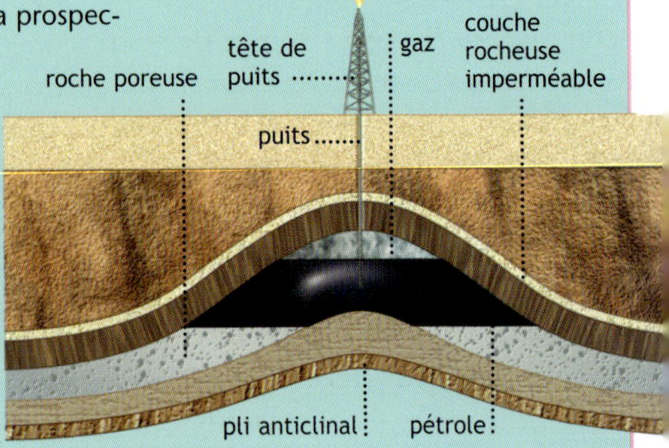

Aussitôt le danger de pénurie écarté, les décideurs revinrent rapidement au tout pétrole. Les récentes instabilités dans les régions riches en pétrole et gaz naturel remettent aujourd'hui en cause le bien-fondé de politiques énergétiques basées sur la diplomatie et les interventions armées.

Toujours plus profond

En 1860, le pétrole était une ressource surabondante et encore inexploitée. Les premiers prospecteurs n'avaient qu'à se pencher et creuser un trou peu profond pour voir s'y former un geyser d'or noir. Mais cette époque est révolue. Toutes les sources de surface sont aujourd'hui épuisées, et les compagnies pétrolières doivent forer toujours plus profondément, si bien que la profondeur moyenne des puits de pétrole atteint actuellement les 3 km, sachant que seul un tiers des forages a du succès. La recherche de pétrole est devenue une activité très coûteuse, qui explore aujourd'hui les environnements les plus extrêmes : les déserts, l'océan Arctique et le fond des océans. Les gisements off shore du golfe Persique, de la mer du Nord et du golfe du Mexique couvrent actuellement environ un tiers des besoins mondiaux. L'extraction de ce pétrole revient encore plus cher : surplombant le niveau de la mer du Nord de 270 m, la plateforme Statfjörd B est une des structures les plus imposantes et coûteuses de la planète. À cela vient encore s'ajouter le coût du transport du pétrole sur de très longues distances. Les bénéfices générés

“Quel que soit l'état d'avancement de notre économie ou la modernité de nos équipements, dans un avenir proche, nous continuerons à dépendre des carburants fossiles.”

George W. Bush, 2000

Du pétrole en feu

L'approvisionnement en combustibles fossiles implique d'énormes coûts financiers pour les pays importateurs et des coûts environnementaux non moins importants pour les pays exportateurs. La destruction de centaines de puits de pétrole au Koweït pendant la guerre du Golfe s'est traduite par le déversement quotidien d'environ 6 millions de barils de brut dans l'environnement.

ne cessent de diminuer et il viendra un jour où l'énergie nécessaire à l'extraction de ces ressources sera équivalente à l'énergie prélevée. Cependant, d'ici là, d'autres sources d'énergie (le vent, l'énergie solaire, l'eau et la biomasse) seront devenues économiquement viables et devraient être exploitées à grande échelle dans les pays industrialisés.

Les limites de l'environnement

Au cours des prochaines décennies, notre dépendance au pétrole devrait continuer de dépendre des enjeux politiques et économiques, mais un nouveau facteur pourrait fort bien venir changer la donne : la dégradation de l'environnement.

La combustion des énergies fossiles conduit à l'émission de dioxyde de carbone (CO_2) dans l'atmosphère. Ce gaz, qui, à l'état naturel s'y trouve en quantité infime, favorise le réchauffement de la surface terrestre en retenant la chaleur produite par les rayons solaires. De fait, sans cet « effet de serre », aucune vie ne serait possible. Mais de nombreux scientifiques affirment que les activités humaines sont en train de l'amplifier dangereusement : le GIEC (Groupe d'experts Intergouvernemental sur l'Évolu-

La violence du vent

Partiellement dû à l'utilisation des énergies fossiles, le changement climatique a des impacts à l'échelle planétaire. Dans les années à venir, le surplus de chaleur piégé dans l'atmosphère pourrait accentuer la violence des tempêtes tropicales et augmenter les risques d'inondation.

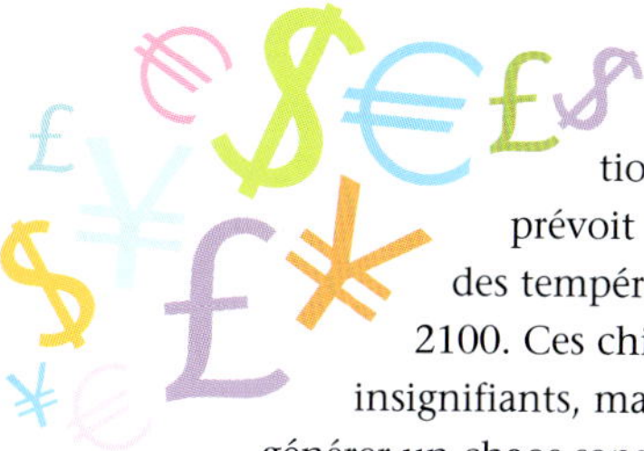

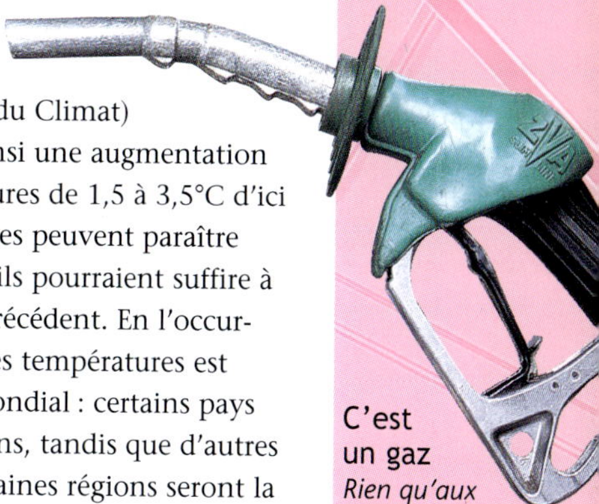

tion du Climat) prévoit ainsi une augmentation des températures de 1,5 à 3,5°C d'ici 2100. Ces chiffres peuvent paraître insignifiants, mais ils pourraient suffire à générer un chaos sans précédent. En l'occurrence, l'augmentation progressive des températures est susceptible de perturber le climat mondial : certains pays verront augmenter leurs précipitations, tandis que d'autres subiront d'intenses sécheresses ; certaines régions seront la proie de tempêtes et d'inondations, tandis que d'autres connaîtront des hivers plus froids. D'aucuns affirment par exemple que le réchauffement de la planète pourrait court-circuiter ou dévier la trajectoire du Gulf Stream, le courant marin atlantique à l'origine de la douceur des hivers européens. Selon les pronostics les plus pessimistes, le niveau des océans pourrait monter de près d'un mètre au cours des 50 prochaines années, ce qui ferait littéralement disparaître des pays insulaires comme les Maldives et chasserait des millions de personnes vivant en zones côtières et deltaïques.

Mais le phénomène de réchauffement n'est qu'un aspect d'un vaste problème : la combustion du charbon émet des particules qui, mélangées à l'humidité atmosphérique, forment des nuages toxiques riches en acide nitrique et sulfurique, pouvant parcourir de grandes distances avant de relâcher leur contenu nocif. Ces « pluies acides » endommagent les feuilles des arbres et

C'est un gaz

Rien qu'aux États-Unis, les coûts environnementaux de la consommation d'essence oscillent entre 200 et 900 milliards d'euros par an.

Histoires de canalisations

Le transport des combustibles fossiles n'est pas une mince affaire. Le plus grand champ de pétrole américain, situé au large de la côte de l'Alaska à 400 km au nord du cercle polaire, est relié au port de Valdez par un pipeline long de 1 000 km traversant trois chaînes montagneuses et trois importantes zones sismiques.

déciment les populations de poissons d'eau douce. Malgré les mesures prises à leur égard, les pluies acides sont responsables de la destruction de grandes forêts dans le nord-est des États-Unis, au Canada et en Scandinavie. Le transport des combustibles fossiles exerce lui aussi une forte pression sur l'environnement. Malgré un bilan de sécurité général plutôt satisfaisant, la capacité phénoménale des pétroliers (jusque 400 000 tonnes) confère aux rares accidents des proportions catastrophiques : le 24 mars 1989, l'*Exxon Valdez* s'échoua et déversa 42 millions de litres de brut dans la zone protégée du Prince William Sound, en Alaska. Environ 2 000 km de côtes furent recouvertes d'une épaisse marée noire, la faune locale fut décimée et les opérations de nettoyage impliquèrent une armée de 11 000 bénévoles. On a recensé plus de 50 catastrophes de cette ampleur depuis 1970, et de plus faibles quantités de pétrole sont déversées quotidiennement par des navires en dégazage ou s'échappent de canalisations défectueuses, tant et si bien que virtuellement toutes les côtes du monde sont affectées par ce type de pollution.

Les efforts soutenus des mouvements écologistes ont fini par révéler au public les coûts intangibles de l'utilisation des combustibles fossiles. Cependant, de nombreux gouvernements continuent de faire la sourde oreille. Au Sommet de la Terre de Rio (1992), les pays développés s'étaient engagés à stabiliser d'ici l'an 2000 leurs émissions de gaz à effet de serre à leur niveau de 1990. En vain. Ce sont une nouvelle fois les intérêts économiques qui ont dominé, et en 2001 les émissions dépassaient de 14 % la limite proposée à Rio.

Les pluies acides

Les pluies acides endommagent les forêts en causant des lésions aux feuilles des arbres et en lessivant le sol de certains éléments vitaux, tels que le calcium et le magnésium.

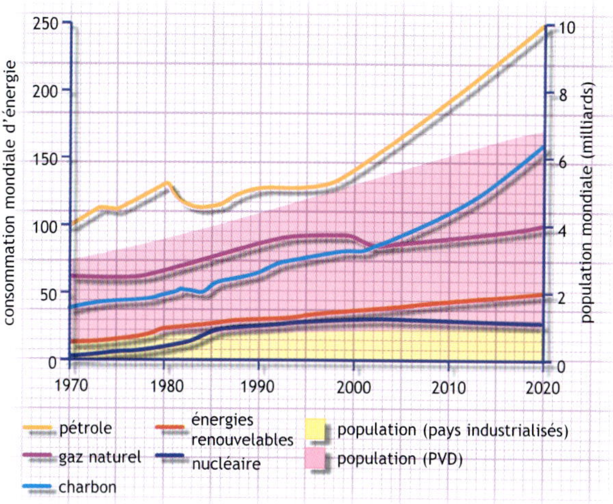

Pronostics

Les courbes de la consommation passée et à venir des différentes sources d'énergie sont mises en relief avec les estimations de la croissance de la population humaine. Ces estimations établies par l'EIA (Energy Information Administration) laissent entendre que la consommation de charbon et de pétrole devrait sensiblement augmenter au cours des prochaines décennies.

La population humaine a augmenté de 33 % en l'espace d'une seule génération, dépassant aujourd'hui les six milliards d'individus. La grande majorité des naissances se concentre dans les PVD (pays en voie de développement), où le taux de consommation d'énergie est en moyenne 6 fois inférieur à celui des pays développés. Mais les pays pauvres sont en train de rattraper leur retard : en Inde et en Chine, la consommation d'électricité progresse de 7 % par an, et les analyses prévoient que d'ici 20 ans les PVD seront responsables de 44 % des émissions de CO_2 mondiales, soit une forte progression par rapport aux 28 % actuels.

Il s'agit là d'une crise environnementale sans précédent, qui exige une réaction forte de la part des milieux politiques et économiques. L'adoption de certaines technologies pourrait nous accorder un répit temporaire. Une utilisation judicieuse du nucléaire, couplée à des économies d'énergie et à un rigoureux contrôle des émissions, pourrait augmenter la durée de vie des réserves fossiles, mais notre avenir se trouve plutôt du côté des énergies renouvelables.

Une simple question de technologie ?

Il est tentant de s'en remettre aux progrès technologiques pour résoudre la crise énergétique qui s'annonce. La science devrait nous permettre de trouver un carburant miracle nous affranchissant pour toujours des combustibles fossiles. En fait, cette probabilité est très faible. Lors de la découverte de la fission nucléaire et de l'inauguration du premier réacteur nucléaire civil en 1957 à Shippingport, en Pennsylvanie (Etats-Unis), nombreux furent ceux qui y virent la corne d'abondance. Or la fission nucléaire n'a finalement pas été à la hauteur des espérances. La fusion nucléaire a elle aussi été un temps considérée comme la solution miracle, mais les chercheurs en sont encore à se demander si l'on parviendra jamais à l'utiliser à grande échelle. Pendant ce temps, des technologies moins ambitieuses gagnent du terrain : des dispositifs souvent très simples et intuitifs, qui nous permettent d'améliorer sans cesse le rendement énergétique de nos activités et d'avoir une utilisation plus rationnelle des ressources disponibles.

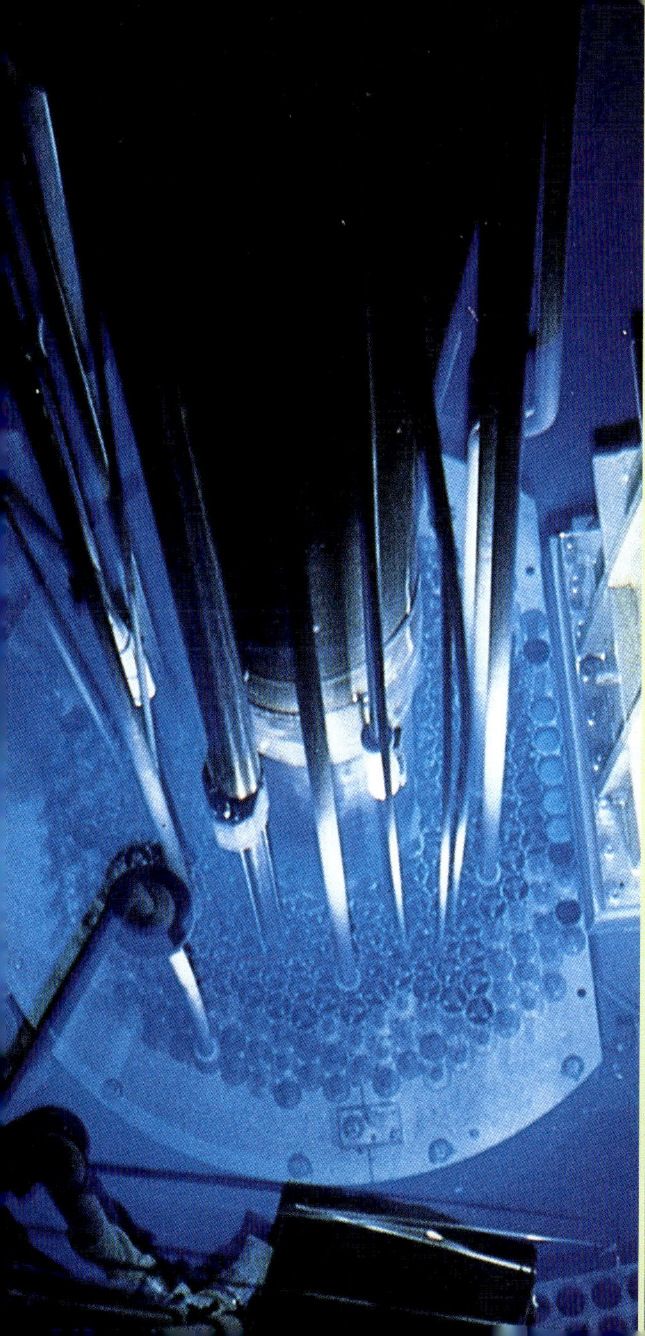

L'énergie atomique
Des barres contenant du combustible nucléaire sont introduites au sein du réacteur d'une centrale nucléaire. Malgré un futur incertain, l'énergie nucléaire demeure actuellement une importante source d'énergie au niveau mondial.

L'énergie nucléaire, une fausse promesse ?

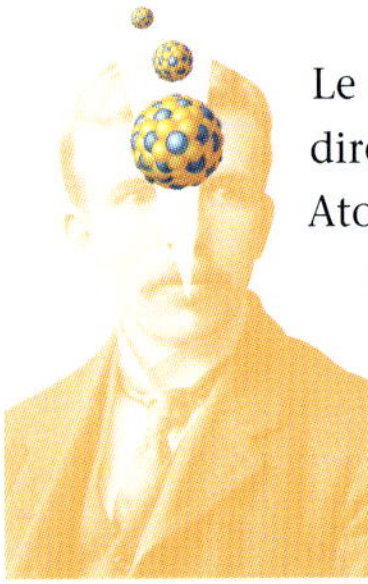

La première fission

Le physicien néo-zélandais Ernest Rutherford est à l'origine de la théorie atomique moderne. Ce sont ses recherches approfondies sur la nature du phénomène de radioactivité au début du xxe siècle qui ouvrirent la voie à la fission.

Le 16 septembre 1954, Lewis Strauss, le directeur de la Commission à l'Énergie Atomique (USA) déclara devant une assemblée de journalistes scientifiques à New York que leurs enfants jouiraient d'une électricité « trop économique pour être facturée ». L'annonce d'une source d'énergie inépuisable, dérivée des recherches sur la bombe atomique, sonnait comme une douce musique aux oreilles des gens de cette austère époque d'après-guerre. Pourtant, un demi-siècle plus tard, ce potentiel reste encore à prouver, et l'énergie nucléaire se voit aujourd'hui abandonnée sur la base de considérations tant financières qu'environnementales, la question du traitement des déchets n'ayant toujours pas été résolue. Dans les années 70, le coût de production élevé des centrales nucléaires conduisit à l'abandon de 121 projets de réac-

Les centrales nucléaires

Le dôme de cette centrale électrique abrite le cœur d'un réacteur nucléaire. Un kilogramme de combustible nucléaire permet de produire autant d'électricité que 12 000 barils de pétrole.

teurs aux États-Unis, hésitation confortée par l'incident survenu dans la centrale de Three Mile Island en Pennsylvanie (1979). L'accident de Tchernobyl sept ans plus tard a définitivement discrédité le nucléaire auprès d'une large frange de la population.

Le nucléaire s'est également révélé être une grande déception sur le plan économique, voire un « désastre monumental » selon le magazine *Forbes*. La construction du dernier réacteur commercial américain a duré près de 23 ans, pour un coût supérieur à plus de 6 milliards d'euros. Un peu trop cher pour ne pas faire payer l'utilisateur.

“Ne prévoyant pas que l'énergie atomique devienne avant longtemps un grand bienfait, je dois dire que, pour l'instant, c'est une menace.”

Albert Einstein, 1945

Il n'est pas surprenant de voir que plusieurs pays d'Europe de l'Ouest ont gelé leurs programmes nucléaires, la Suède et l'Allemagne s'étant même engagées dans la voie du démantèlement. Aux États-Unis, la moitié de la capacité nucléaire actuelle devrait disparaître d'ici 2020, au fil de la fermeture des centrales, dont la durée de vie ne dépasse pas 40 ans en moyenne. Mais le secteur n'a pas dit son dernier mot. 440 centrales fonctionnent encore de par le monde, produisant plus de la moitié de l'électricité dans des pays tels que la France et la Corée du Sud. Qui plus est, c'est par le nucléaire que le Japon entend atteindre l'indépendance énergétique et la Chine prévoit de quadrupler sa capacité nucléaire au cours des 20 prochaines années.

Même en Occident, de nombreuses voix continuent à s'élever en faveur du nucléaire. Leur argument est de poids : ne produisant pas de gaz à effet de serre, l'énergie

Le syndrome chinois

Le plus grand problème du nucléaire réside dans le risque de fusion du cœur du réacteur suite à l'emballement de la réaction de fission. Au tout début de l'ère nucléaire, certains alarmistes firent courir le bruit qu'un réacteur en fusion pourrait s'enfoncer dans le sol et se frayer un chemin jusqu'en Chine.

atomique ne participe pas au réchauffement de la planète. D'importants progrès ont été réalisés en matière de rendement et de sécurité, et plusieurs pays poursuivent actuellement des projets de recherche visant à réhabiliter le nucléaire.

Les centrales nucléaires fonctionnent de manière très similaire aux centrales thermiques (voir p. 10). La chaleur produite sert à mettre sous pression un gaz actionnant les turbines de générateurs électriques. Toutefois, à la place d'un processus de combustion, la chaleur provient de la

À l'intérieur d'un réacteur

La pièce maîtresse d'une centrale nucléaire est un « cœur » d'environ 120 tonnes d'uranium contenues dans environ 35 000 barres de combustible. Celles-ci transmettent leur chaleur à l'eau du circuit de refroidissement primaire contenue dans une cuve pressurisée aux parois épaisses. Cette eau passe ensuite dans les tubes de générateurs de vapeur, qui transfèrent la chaleur vers l'eau du circuit secondaire. La vapeur ainsi produite entraîne des turbines reliées à un générateur électrique avant d'être recondensée et réinjectée au sein du système. La séparation des deux circuits permet de minimiser les risques de contamination de l'eau rejetée dans l'environnement.

La conception d'un réacteur

La plupart des réacteurs nucléaires utilisent de l'eau sous pression comme liquide de refroidissement, les autres ayant recours à du sodium liquide.

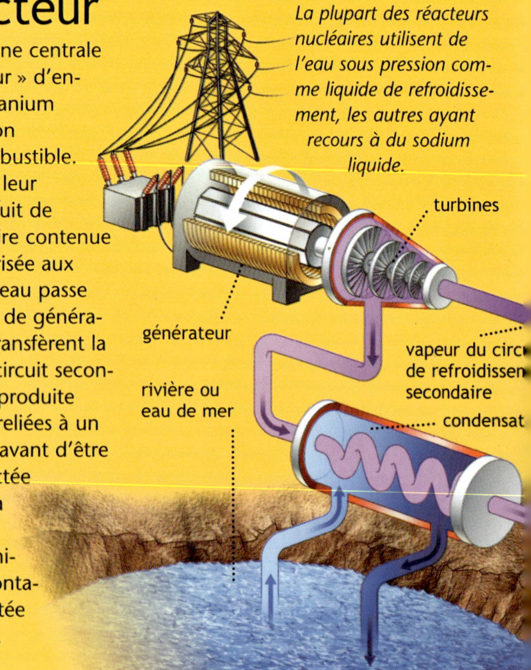

fission des noyaux instables d'éléments radioactifs. Le combustible le plus fréquemment employé est un isotope d'uranium, l'uranium-235 (U-235), issu d'un minéral appelé « pechblende ». Après purification et concentration, l'uranium est inséré à l'intérieur de barres, qui sont à leur tour introduites dans le réacteur nucléaire.
L'U-235 est un élément radioactif : ses noyaux instables se scindent spontanément en deux atomes plus petits, libérant de la chaleur et deux ou trois neutrons rapides. La collision des neutrons avec d'autres noyaux libère encore

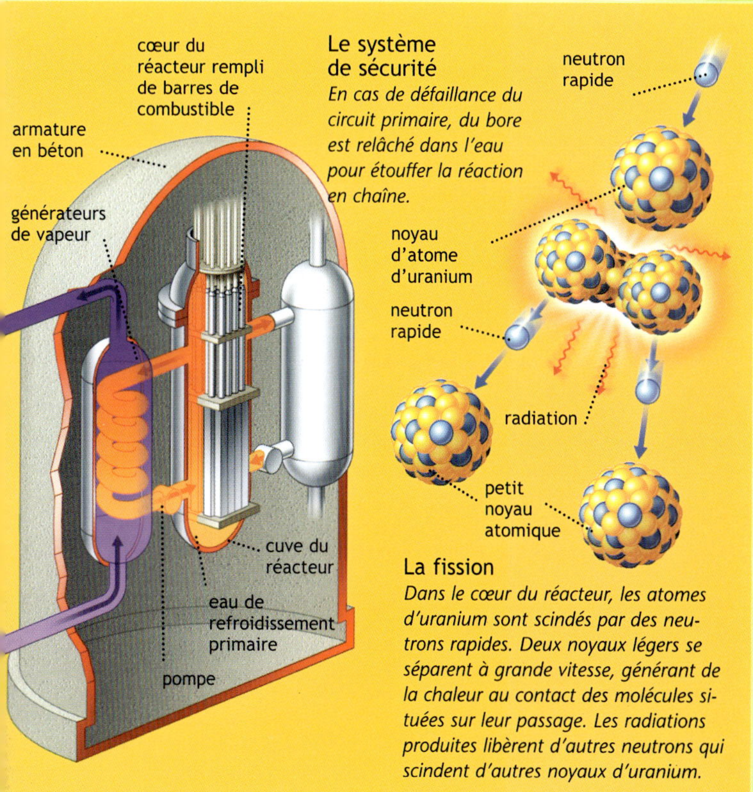

Le système de sécurité

En cas de défaillance du circuit primaire, du bore est relâché dans l'eau pour étouffer la réaction en chaîne.

La fission

Dans le cœur du réacteur, les atomes d'uranium sont scindés par des neutrons rapides. Deux noyaux légers se séparent à grande vitesse, générant de la chaleur au contact des molécules situées sur leur passage. Les radiations produites libèrent d'autres neutrons qui scindent d'autres noyaux d'uranium.

L'effet domino

La fission et la fusion nucléaire conduisent toutes deux à une réaction en chaîne, qu'il s'agit de brider rigoureusement pour contrôler le dégagement de chaleur.

plus de chaleur et d'autres neutrons. En présence d'une quantité d'uranium suffisante (au moins 4 kg) s'ensuit une réaction en chaîne qui dégage une énorme quantité d'énergie. Au sein d'un réacteur, le taux de fission est rigoureusement contrôlé à l'aide de barres de graphite qui absorbent les neutrons rapides en excès, conduisant ainsi à la production d'une source de chaleur constante, transmise à un liquide de refroidissement, en général de l'eau sous pression (150 atm).

Les réacteurs modernes atteignent des capacités colossales, de l'ordre du millier de mégawatts (MW). Leur cœur mesure jusque 4 m de diamètre et se trouve confiné à l'intérieur d'un vaisseau d'acier aux parois épaisses de 20 cm pour résister à la pression de l'eau de refroidissement : près de 200 sous-systèmes sont requis pour assurer le bon fonctionnement d'un seul réacteur. Mais les réacteurs du futur fonctionneront de manière fort différente. Plusieurs pays industrialisés se sont déjà lancés dans le développement de la prochaine génération de réacteurs, qui se caractérisera par des unités de capacité réduite (environ 100 MW), plus

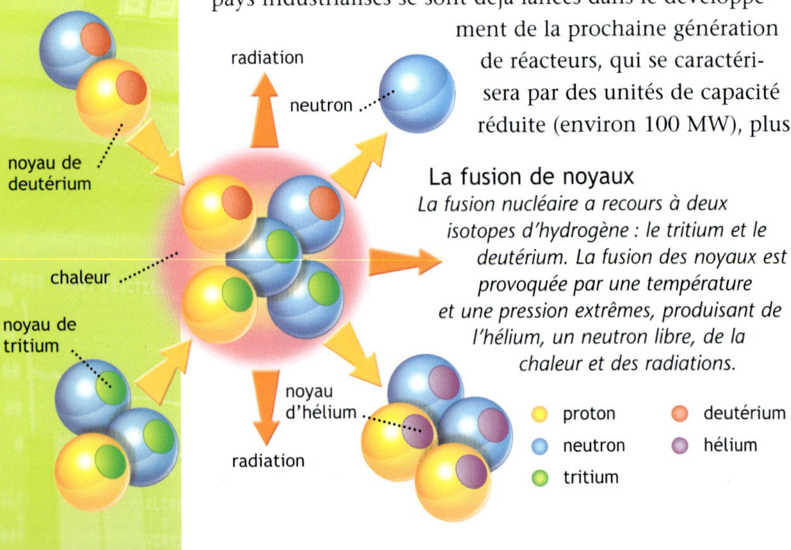

La fusion de noyaux

La fusion nucléaire a recours à deux isotopes d'hydrogène : le tritium et le deutérium. La fusion des noyaux est provoquée par une température et une pression extrêmes, produisant de l'hélium, un neutron libre, de la chaleur et des radiations.

simples (limitées à 25 sous-systèmes), moins onéreuses et beaucoup plus sûres que les réacteurs actuels. Un prototype pourrait déjà voir le jour d'ici 2006, conduisant éventuellement au renouveau du secteur.

La fusion à froid
En 1989, Stanley Pons et Martin Fleischmann, deux chercheurs à l'université de l'Utah (USA), défrayèrent la chronique en déclarant avoir réalisé une fusion à froid à l'aide d'un simple appareil de bureau. Mais personne ne parvint jamais à reproduire l'expérience, si bien que la communauté scientifique reste très dubitative quant à la possibilité de la fusion à froid.

Quel que soit son rendement, la fission présente un inconvénient majeur : les déchets radioactifs. Un réacteur nucléaire produit chaque année environ 20 tonnes de déchets à longue durée de vie (10 000 ans). Ces détritus sont stockés « temporairement » dans des bassins de refroidissement… une solution viable reste encore à trouver.

La seule technologie nucléaire libre de tout déchet est la fusion, la source d'énergie du soleil et des étoiles en général. Celle-ci consiste à faire fusionner les noyaux de deux d'atomes d'hydrogène en un atome d'hélium, dégageant d'immenses quantités d'énergie au cours d'une réaction auto-entretenue. En principe, 25 g de matière première devraient suffire à couvrir les besoins énergétiques d'un habitant d'un pays riche pendant toute sa vie. Mais il y a un hic : pour vaincre les forces électrostatiques qui maintiennent les deux noyaux séparés, il faut atteindre une température supérieure à 50 millions de degrés Celsius. Malgré les milliards investis dans ce domaine depuis les années 50, les chercheurs ne sont jamais parvenus à conserver une réaction de fusion pendant plus de quelques secondes.

Un réacteur à fusion
Ce prototype de réacteur à fusion, en forme de beignet géant, est rempli de plasma d'hydrogène (la matière première de la réaction), un mélange de noyaux chargés positivement et d'électrons à charge négative placé sous le contrôle de puissants électro-aimants.

D'une pierre, deux coups

Dépenser des milliards dans la recherche pour des nouveaux moyens de production d'énergie n'est pas la seule manière de combler la demande à venir. Par une utilisation plus rationnelle de l'énergie et une redéfinition de toute la filière énergétique, des puits de pétrole et mines de charbon à nos prises électriques et nos réservoirs d'essence, les économies d'énergie s'élever à 90 %. Cette approche représente un moyen tangible et immédiat d'atténuer l'effet de serre, mais implique certains changements dans nos styles de vie.

L'augmentation du rendement énergétique ne constitue pas obligatoirement un frein à la croissance économique. Depuis 1980, le PIB américain a par exemple augmenté de 40 % alors que la consommation d'énergie par habitant diminuait de 3 %. En se

Économisez-la

Économiser l'énergie n'est peut-être pas très « branché », mais un simple réajustement de notre rapport à l'énergie pourrait se révéler plus sage que de s'en remettre à la haute technologie.

Le mur Trombe

De simples changements dans la conception de nos logements peuvent faire fondre nos factures d'électricité. Le mur Trombe, un volume d'air retenu par une vitre contre une paroi de surface sombre, est une utilisation élégante de l'énergie solaire.

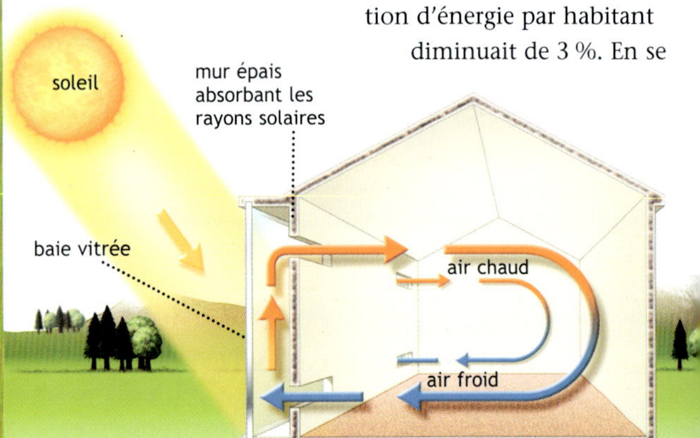

La géométrie verte

La structure d'un bâtiment a une grande influence sur l'énergie requise pour son chauffage. Les architectes d'immeubles de bureaux ont longtemps privilégié l'exposition à la lumière. Or un rapport surface/volume élevé se traduit par d'importantes pertes de chaleur, si bien que la nouvelle tendance consiste à favoriser les structures « compactes ». Les coûts d'éclairage supplémentaires sont en effet réduits par rapport aux économies de chauffage réalisées.

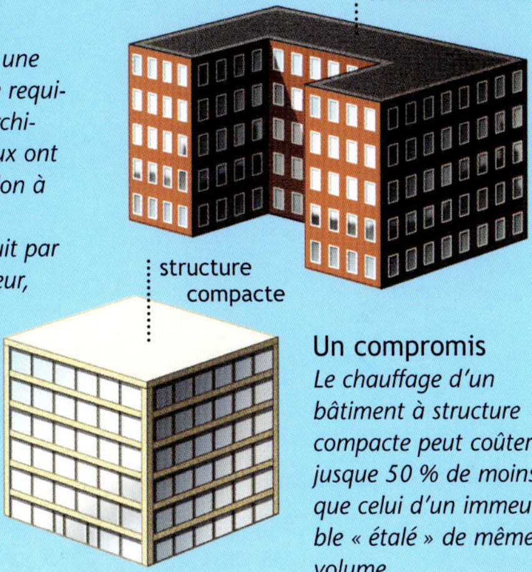

Un compromis
Le chauffage d'un bâtiment à structure compacte peut coûter jusque 50 % de moins que celui d'un immeuble « étalé » de même volume.

soldant par d'importantes économies d'énergie, les innovations dans l'architecture, les transports, la production d'électricité et la consommation des appareils électriques permettent de limiter la demande en combustibles fossiles.

Économies à domicile

Environ 32 % de l'énergie consommée dans les pays développés est consacrée aux transports, 25 % à l'industrie et plus de 40 % à nos foyers et nos bureaux. Dans cette dernière catégorie, la majorité de l'énergie sert au chauffage de l'air et l'eau, et il n'est pas surprenant d'apprendre que c'est dans ces domaines que se réalisent les principales économies. En Suède et au Canada ont été mises au point des maisons « super-isolées » minimisant les pertes d'énergie grâce à d'ingénieux modes de construction : des murs composés de deux cloisons en béton léger, séparées par un matériau isolant (laine de verre) d'une épaisseur de 20 cm, des fenêtres à triple vitrage et un système de venti-

Les transports
Ce graphique compare l'énergie consommée par km et par passager à l'aide de différents moyens de transport. Des progrès dans le domaine du partage de voiture et des transports en commun, associés à une réduction des déplacements aériens pourraient avoir un impact conséquent sur la consommation d'énergie mondiale.

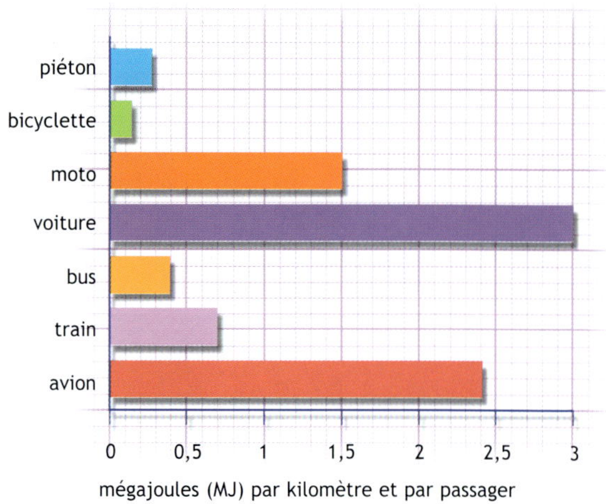

lation préchauffant l'air entrant à l'aide de l'air sortant, conservant ainsi 70 % de la chaleur de l'air « usé ». Certaines maisons sont tellement bien conçues que la simple chaleur dégagée par l'éclairage, les appareils de cuisine et la chaleur corporelle de leurs habitants suffit à maintenir une température confortable durant toute l'année.

D'autres maisons, connues sous le nom d'installations solaires passives, sont conçues pour piéger et retenir l'énergie solaire afin de réduire la facture d'électricité. Elles sont généralement dotées de grandes baies vitrées orientées sud, couplées à des murs épais et des sols retenant la chaleur du jour et la libérant pendant la nuit. Elles sont souvent partiellement enterrées : à faible profondeur (à peine 3 m), les variations saisonnières de température sont nettement inférieures aux variations en surface. Le simple recours à cet effet tampon permet déjà de réaliser des économies d'énergie considérables, et des milliers de logements de ce type ont fleuri aux États-Unis depuis les années 70.

Au Royaume-Uni, les véhicules des particuliers consomment 80 % de l'énergie consacrée aux transports et sont responsables de près de 25 % des émissions de CO_2. La diminution des frottements et du poids, combinée à des réglages électroniques, permet d'améliorer sans cesse leur rendement kilométrique. Le lancement de voitures électriques à « émission zéro » est encore limité par le problème du stockage de l'électricité. Les batteries au plomb classiques pèsent plus de 230 kg et présentent un temps de charge de huit heures pour une autonomie d'à peine 320 km, tandis que les batteries au lithium ou au sodium sont très chères et d'une durée de vie limitée. Les automobiles « hybrides », dont le moteur à essence est assisté par un moteur électrique tirant son énergie d'un petit groupe de batteries, semblent déjà plus prometteuses. L'avantage est que les batteries se rechargent avec le frein moteur de la voiture, limitant la consommation d'essence à 3 ou 4 litres au km sans aucun besoin de recharge externe. Les premiers modèles de ces véhicules « propres » sont déjà disponibles sur le marché.

Les bénéfices passifs
Cette maison associe élégance et rendement énergétique. Une vaste baie vitrée optimise le gain de chaleur dû aux rayons du soleil.

La force motrice
Un foyer américain moyen consacre près de 20 % de ses revenus aux transports, soit plus qu'il n'accorde à son alimentation. Les études font état de neuf milliards de barils de pétrole gaspillés chaque année dans les embouteillages.

Les ressources renouvelables

L'énergie est omniprésente. Le cœur de notre planète est un magma en ébullition et notre atmosphère est perpétuellement bombardée d'énergie solaire, suffisamment pour satisfaire 15 000 fois la demande mondiale. Malgré ces énormes sources d'énergie naturelle et entièrement renouvelable, nous persistons dans la voie du nucléaire et des combustibles fossiles pour des raisons de facilité, d'économies et de gain de voix électorales. Le principal obstacle que les partisans des énergies renouvelables doivent surmonter est un problème d'échelle : le captage de grandes quantités d'énergie solaire requiert par exemple des installations gigantesques. Mais les progrès réalisés ces dernières années, motivés par des considérations environnementales et la répétition des crises énergétiques, commencent à rendre ces nouvelles sources d'énergie compétitives. Le fait qu'une grande partie de la recherche dans ce domaine soit financée par des sociétés ayant bâti leur fortune sur l'exploitation du gaz naturel et du pétrole est plutôt révélateur.

Tournesols

Des rangées de réflecteurs dans un champ de panneaux solaires à Albuquerque, Nouveau-Mexique, concentrent la lumière du soleil vers une chaudière géante.

L'énergie hydraulique

L'énergie hydraulique est à la fois la plus ancienne et la plus utilisée de toutes les énergies renouvelables. Il y a 3 000 ans, les roues à eau offraient à l'homme une première réelle alternative à la force musculaire, actionnant des moulins à blé et alimentant des systèmes d'irrigation. Ces drôles de constructions en bois, qui virent le jour indépendamment en Asie Mineure et en Extrême-Orient, sont les ancêtres des colossales installations hydroélectriques actuelles, qui produisent 19 % de l'électricité mondiale avec des rendements atteignant les 90 %.
Le fonctionnement d'une centrale hydroélectrique est très simple. L'eau en mouvement entraîne des turbines couplées à des générateurs électriques. La construction d'un barrage offre un bien meilleur contrôle sur le débit d'eau s'abattant sur les turbines, permettant ainsi d'ajuster la production d'électricité à la demande. Le défi de l'hydroélectrique est celui de la dimension des retenues

Le barrage Hoover
Avec ses 221 m, le barrage Hoover, sur le fleuve Colorado au Nevada, est le plus grand barrage des Etats-Unis. L'énergie potentielle de l'eau acquise par ce dénivelé lui confère une capacité de production de 1 800 MW.

Dans le sens du courant

Les centrales hydroélectriques peuvent générer de quelques centaines de watts à plusieurs milliers de mégawatts d'électricité. La capacité des installations dépend à la fois du débit d'eau s'abattant sur les turbines et de la hauteur du dénivelé entre les turbines et la surface du lac de retenue. Le dénivelé des plus hauts barrages est proche de 200 m, soumettant les turbines à une eau à haute pression (proche de 20 atm). Un débit relativement faible suffit alors à générer une quantité d'électricité appréciable. Des barrages moins élevés, présentant un dénivelé d'à peine quelques mètres, peuvent pourtant générer la même production d'électricité pour peu que le débit d'eau soit plus important.

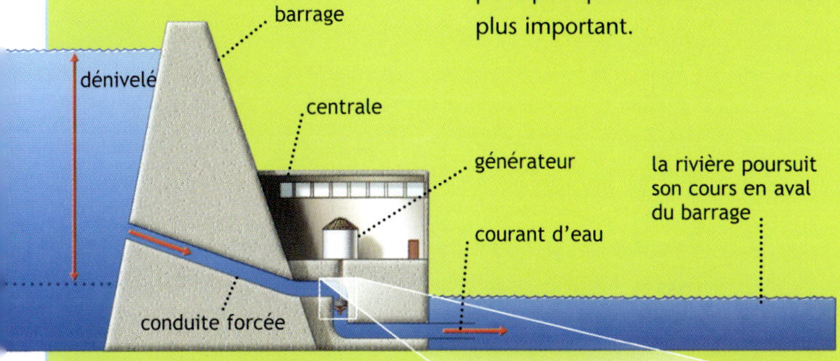

La centrale à dénivelé intermédiaire

Une installation de taille réduite avec un dénivelé d'environ 30 m, telle que celle présentée ci-dessus, peut obtenir environ 500 kW d'électricité à partir d'un débit de 3 m^3/s.

La turbine à eau

Les turbines utilisées dans les centrales hydroélectriques à dénivelé intermédiaire ressemblent aux hélices de bateaux et ont un diamètre d'environ 1 m. Une couronne d'aubes fixes au-dessus de la turbine permet d'atténuer les turbulences du flux d'eau.

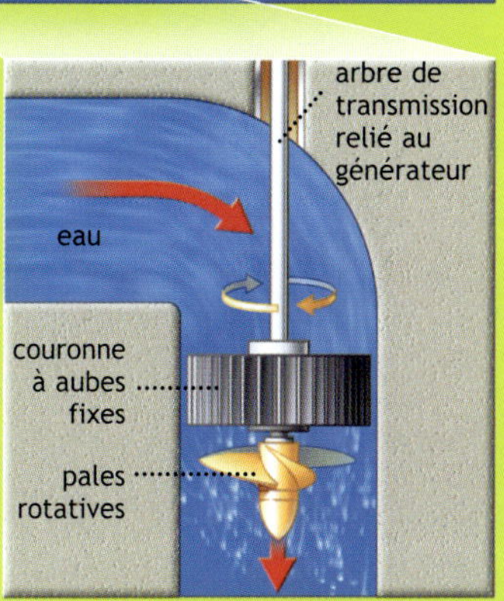

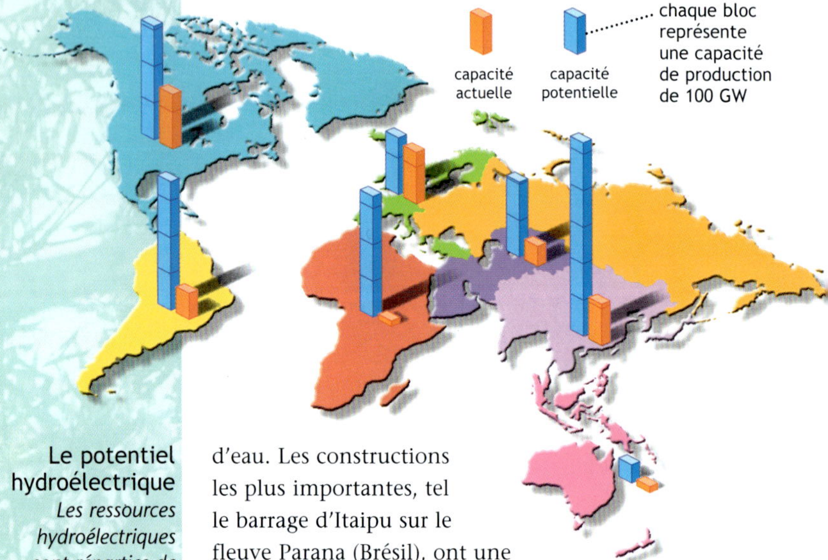

Le potentiel hydroélectrique
Les ressources hydroélectriques sont réparties de manière très inégale sur la planète. L'Australie, avec son faible relief et ses précipitations modérées, présente un faible potentiel, au contraire de l'Afrique et de ses puissants fleuves.

d'eau. Les constructions les plus importantes, tel le barrage d'Itaipu sur le fleuve Parana (Brésil), ont une capacité de 10 000 MW, soit l'équivalent de 10 grandes centrales thermiques, et voient passer 9 000 tonnes d'eau par seconde. Et ce n'est encore rien : le barrage des Trois Gorges sur le Yang Tsé Kiang (Chine), dont le chantier devrait s'achever en 2010, aura une capacité de 19 000 MW et couvrira 10 % des besoins d'électricité du pays. Sa structure de 2,3 km de long génèrera un lac de retenue d'une superficie de 630 km.

Le futur de l'hydroélectrique

L'énergie hydroélectrique se caractérise certes par une absence totale d'émissions, mais elle présente des inconvénients majeurs. Le lac de retenue géant créé par le barrage des Trois Gorges implique par exemple le déplacement de plus d'un million de personnes, l'immersion d'une centaine de villes et villages et la perte d'écosystèmes uniques. Qui plus est, les barrages tendent à concentrer les polluants des villes en amont et à perturber les activités économiques en aval : le barrage d'Assouan (Égypte) est par exemple responsable de l'effondrement de l'industrie de la pêche dans tout l'est de la Méditerrannée.

Le potentiel hydroélectrique de la planète est encore largement inexploité : les 700 GW produits actuellement ne représentent qu'une faible fraction des 3 TW pouvant théoriquement être générés. La capacité hydroélectrique ne cesse d'augmenter, mais à un taux modeste de 1,5 % par an, les obstacles à son expansion étant d'ordre tant économique qu'environnemental.

Les mini-centrales hydroélectriques pourraient représenter une nouvelle voie de développement pour cette technologie ancienne. La capacité de ces centrales ne dépasse pas les 5 MW, ce qui est parfaitement adapté aux besoins des villages et des industries locales et permettrait d'éviter le transport d'électricité sur de longues distances. D'un faible impact sur le paysage, elles peuvent dans bien des cas venir se « greffer » aux installations existantes (vannes, écluses, etc.), limitant ainsi leur coût de construction. Cette technologie est actuellement en forte expansion au niveau mondial, la Chine comptant déjà plus de 100 000 unités.

L'énergie des vagues

L'énergie hydroélectrique n'est qu'une manifestation indirecte de l'énergie solaire. C'est en effet la chaleur solaire qui entretient le cycle de l'eau sur la planète, produisant l'évaporation des eaux superficielles pour redistribuer l'humidité sous forme de pluie alimentant fleuves, lacs et rivières. Il en va de même d'une autre source d'énergie renouvelable d'origine aquatique : les vagues, issues du frottement de masses d'air en mouvement sur la surface de l'océan et capables de se propager sur des milliers de kilomètres. À l'approche des

La force des vagues

Tout bon surfeur sait ce que puissance des océans veut dire, mais l'énergie des vagues pourrait un jour également nous aider à satisfaire nos besoins en électricité, surtout dans les pays de l'Atlantique Nord.

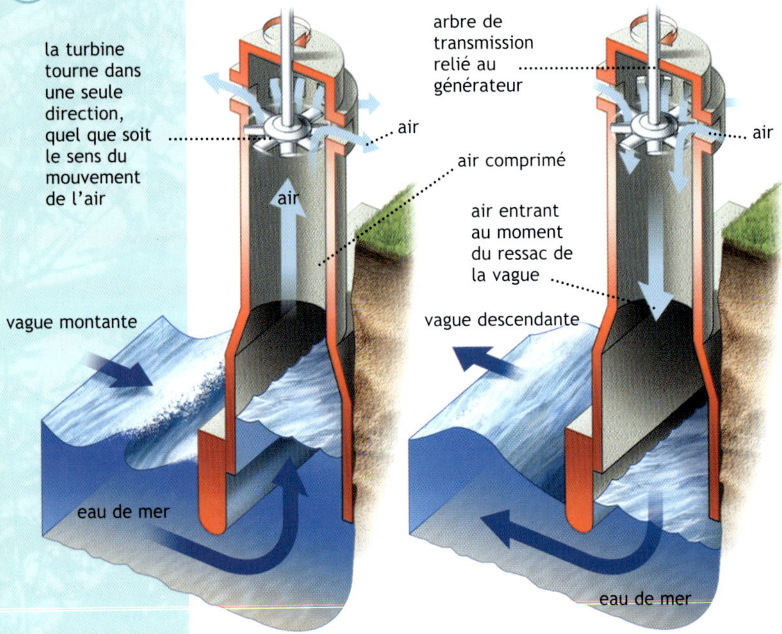

Une machine à vagues

Cet appareil possède un compartiment à air situé au-dessus du niveau de l'eau. Les vagues entrantes compriment cet air et le poussent au travers d'une turbine combinée à un générateur. Au ressac, un nouveau volume d'air vient remplacer l'air chassé.

côtes, les forces de friction avec le fond leur font perdre jusque 60 % de leur énergie.

L'énergie des vagues est par nature plus difficile à exploiter que l'énergie potentielle d'un fleuve. Les vagues n'ont pas toujours la même trajectoire, et toute installation conçue pour fonctionner en conditions « normales » doit pouvoir résister aux tempêtes les plus violentes. Ces contraintes n'ont pas empêché les ingénieurs de développer des systèmes permettant d'exploiter cette énergie : les centrales flottantes et les centrales fixes.

Les premières sont intéressantes parce qu'elles peuvent être positionnées au large, là où les vagues ont encore toute leur énergie. En revanche, leur éloignement par rapport à la côte se traduit par des opérations de maintenance plus complexes et une plus grande vulnérabilité des câbles de transmission. Une approche prometteuse, surnommée « la palourde », se présente sous la forme d'un anneau d'environ 70 m de diamètre, constitué de 12 compartiments communicants remplis d'air, et dont la paroi orientée au large est constituée d'un matériau souple pouvant se déformer sous l'action des vagues. À chaque phénomène de compression, l'air est expulsé d'un compartiment à un autre *via* une turbine combinée à de petits générateurs.

Les secondes, fermement ancrées au sol en eaux peu profondes, sont plus faciles d'accès et présentent donc une plus grande fiabilité. La plupart reposent elles aussi sur un processus de compression d'air pour l'entraînement des turbines.

Alors que les centrales flottantes n'existent encore qu'à l'état de prototypes, les centrales fixes sont déjà impliquées dans la production d'électricité en Grande-Bretagne, au Portugal et en Norvège, pays dont les mers sont souvent agitées et où le coût de ces installations a de fortes chances d'être amorti. Le Conseil Mondial de l'Énergie estime à 2 TW, soit près du sixième de la demande mondiale, le potentiel de production d'électricité au niveau mondial, mais la technologie n'en est encore qu'à ses balbutiements. Dans l'immédiat, il semble que ses chances de développement se limitent aux zones reculées et tourmentées, où l'apport d'électricité est difficile.

L'inversion des marées

Le cycle quotidien des marées représente une énorme source d'énergie propre encore pratiquement inexploitée – pour une capacité totale d'environ 1 000 GW selon certaines estimations. Les moulins à marée étaient déjà utilisés pour moudre le grain dans l'Europe du Moyen

Les turbines à vagues

Ces turbines sous-marines, d'un diamètre de 20 m chacune, peuvent tirer environ 0,6 MW d'électricité de l'énergie marémotrice. A l'avenir, de nombreuses côtes pourraient se voir équipées de rangées de telles turbines.

La lune et les marées

Le rythme des marées est déterminé par la force d'attraction qu'exerce la lune sur les océans. En conséquence, le niveau des océans est légèrement plus élevé du côté de la lune. Au cours de la rotation de la terre sur son axe, cette déformation se déplace à la surface des océans.

Âge, mais les projets actuels sont d'une toute autre envergure. L'énergie des marées peut être exploitée de deux manières différentes : la première, adaptée aux zones à forts courants marins, fait usage de turbines de grande dimension disposées en une rangée perpendiculaire au déplacement de l'eau. Les zones adaptées sont relativement rares (passages étroits entre deux îles ou pointes côtières arrondies), mais néanmoins en nombre suffisant pour considérer cette solution à l'avenir, et le concept semble attirer gouvernements et investisseurs.

L'estuaire de la Severn

Du fait de l'amplitude de ses marées (environ 6 m), la côte occidentale de l'Angleterre constitue un emplacement de choix pour la construction d'usines marémotrices. L'estuaire de la Severn est un site particulièrement adapté parce que la forme du canal y amplifie l'effet de la marée. Un projet développé dans les années 80 envisageait la construction d'un barrage de 10 km au travers de l'estuaire, dont les 216 turbines auraient produit suffisamment d'électricité pour couvrir 7 % des besoins du pays. Mais le budget estimé à 11,5 milliards d'euros suffit à décourager les investisseurs les plus hardis.

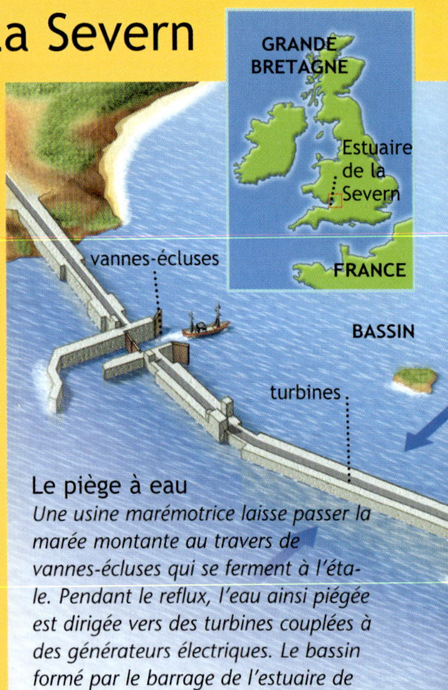

Le piège à eau
Une usine marémotrice laisse passer la marée montante au travers de vannes-écluses qui se ferment à l'étale. Pendant le reflux, l'eau ainsi piégée est dirigée vers des turbines couplées à des générateurs électriques. Le bassin formé par le barrage de l'estuaire de la Severn aurait couvert une surface supérieure à 480 km².

La seconde approche est semblable à la technique employée au sein des centrales hydroélectriques, plaçant des parois en béton en travers du chemin d'une masse d'eau en mouvement et l'obligeant à s'écouler contre des turbines. Des projets pilotes en Russie et en France, où l'usine marémotrice de La Rance génère 240 MW d'électricité depuis 30 ans, ont déjà fait les preuves de la viabilité de cette technologie. Toutefois, des doutes pèsent encore sur les projets les plus ambitieux, tels que le barrage de l'estuaire de la Severn en Angleterre et sa production.

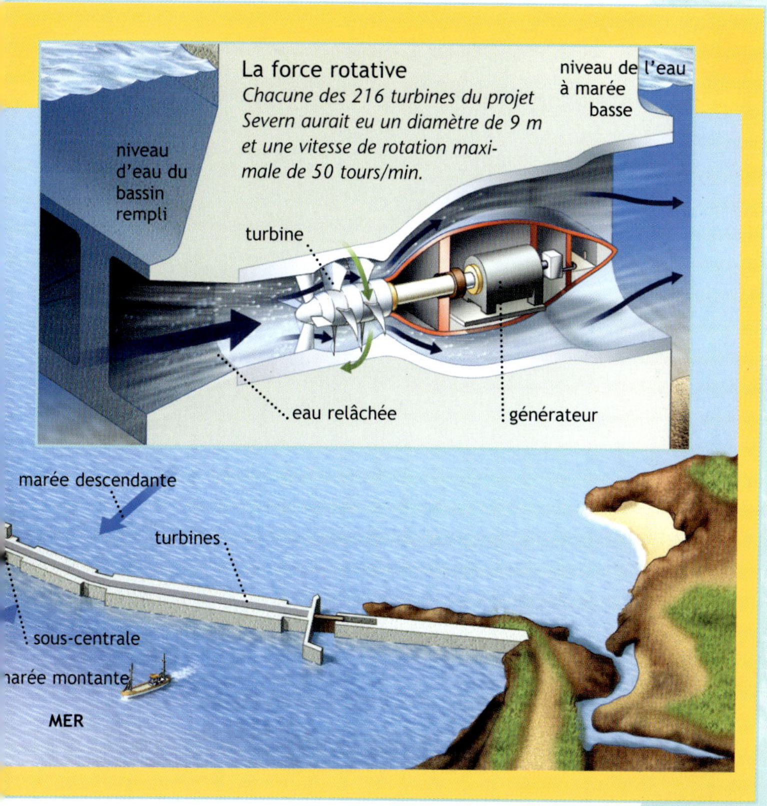

L'énergie thermique des océans

Les mers sont d'immenses réservoirs d'énergie. L'énergie solaire des régions tropicales chauffe les eaux de surface à plus de 25°C, tandis que la température des eaux profondes ne dépasse pas les 5°C. Un mécanisme (appelé OTEC) a été développé pour convertir cette différence de température en électricité, à l'inverse d'un réfrigérateur. Les prototypes actuels sont des unités flottantes, au sein desquelles le système "de réfrigération" est couplé à un générateur. L'eau chaude est aspirée en surface et l'eau froide pompée à 1 000 m de fond. Plusieurs obstacles empêchent encore d'exploiter cette technologie à 100 %.

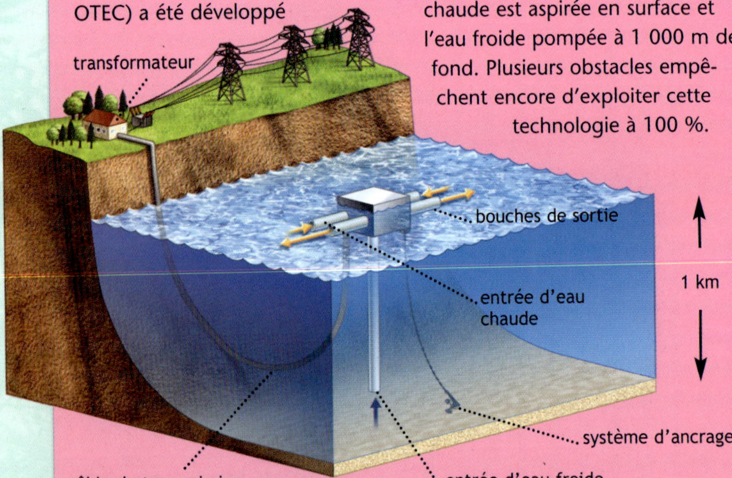

potentielle de 9 GW. Le risque de voir proliférer des barrages dans tous les grands estuaires de la planète a également alerté les groupes écologistes, qui protestent contre les conséquences de ces structures sur les populations de poissons et les espèces d'oiseaux dépendant d'habitats littoraux. En revanche, les bénéfices des barrages s'étendent au-delà de la simple production d'électricité, constituant notamment une protection contre les effets dévastateurs des tempêtes.

Dompter le vent

L'éolien est enfin là. Il est même aujourd'hui plus économique de produire de l'électricité avec l'énergie éolienne qu'avec des combustibles fossiles, et les derniers progrès technologiques sont en train de la placer en concurrence directe avec le gaz naturel. Au niveau mondial, 17 000 MW d'électricité sont déjà d'origine éolienne, soit assez pour couvrir les besoins de 10 millions de foyers, et selon l'étude d'une des principales banques d'investissements allemande, ce chiffre devrait progresser de 25 % par an au cours des prochaines années.

Le vent est une des plus abondantes ressources de la planète. Il se crée lorsqu'une partie de l'atmosphère se réchauffe plus rapidement qu'une autre, les différences de température conduisant à des différences de pression provoquant des échanges entre les différentes masses d'air. Certains vents sont générés par des déplacements d'air à l'échelle atmosphérique : ces vents, dits météorologiques,

Une carte climatique

L'ouragan Andrew traverse le golfe du Mexique en 1992, emportant tout sur son passage avec des rafales à plus de 250 km/h. Les cyclones de cette intensité sont rares et causent d'énormes dégâts, mais des vents moins forts et plus prévisibles peuvent être employés à la production d'électricité.

soufflent d'ouest en est dans les zones tempérées et inversement sous les tropiques, où ils portent le nom d'alizés. En outre, il existe des milliers de vents locaux hautement prévisibles (brises de mer et de vallée) ne demandant qu'à être exploités.

Cela fait des milliers d'années que nous tirons parti de la puissance du vent : les premiers moulins s'inspiraient des bâteaux à voile, faisant tourner un axe central à l'aide de toiles gigantesques accrochées à une structure radiale. Servant déjà au pompage de l'eau et au travail du grain à Babylone et en Chine vers 2 000 avant J.-C., ils avaient conquis toute l'Europe dès le XIIe siècle. Avant que la Révolution industrielle ne les rende obsolètes, le paysage anglais était parsemé de plus de 10 000 de ces majestueux engins. Plongée dans un marasme d'un siècle et demi, ce n'est qu'à l'occasion de la crise énergétique de 1973 que l'énergie éolienne a commencé à retrouver de son panache.

Les éoliennes
Les éoliennes à deux ou trois pales sont beaucoup plus efficaces par vent fort que la plupart de leurs homologues multipales. Le profil en forme d'aile d'avion se reconnaît bien sur cette photo, qui présente le montage d'une éolienne de grande taille.

Comme une aile

Les éoliennes modernes tiennent plus de la technologie aérospatiale que du design nautique. De fait, la NASA fut l'un des premiers acteurs du renouveau de l'éolien. Mais les premières éoliennes puissantes à être produites à grande échelle furent danoises (début des années 80). Les ingénieurs ont depuis réalisé d'énormes progrès en matière de fiabilité et de production énergétique, mais dans l'ensemble les 20 000 unités du parc mondial actuel sont toutes de la même conception : un rotor constitué d'un axe horizontal portant deux ou trois pales en forme d'ailes d'avion et actionnant un générateur par le biais d'un multiplicateur de vitesse. Les pales sont des aérofoils transformant l'énergie éolienne en mouvement de la même manière que les ailes d'un avion traduisent la vitesse en portance. L'ensemble tourne sur lui-même pour être toujours orienté face au vent et atteindre ainsi un rendement optimum.

La production d'une éolienne dépend tant de la vitesse du vent que de la taille de ses pales, raison pour laquelle on ne les trouve que dans les régions venteuses (généralement les côtes et les lignes de crête) et montées sur de hauts pylônes (jusque 50 m), pour une meilleure exposition au vent. La capacité des modèles les plus puissants dépasse aujourd'hui le MW, mais la plupart des parcs regroupent des dizaines d'unités d'une capacité d'environ 200 kW chacune, qui sont du reste en train d'affecter une part non négligeable de nos paysages. Le marché de l'éolien est dominé par l'Europe, mais les États-Unis poursuivent des objectifs ambitieux, avec notamment un projet au Nevada qui, d'ici 2005, devrait conduire à la production de plus de 250 MW avec 300 éoliennes à haut rendement.

Le bruit perpétuel

Les opposants à l'éolien se plaignent de la pollution visuelle et sonore qu'engendrent les éoliennes. La construction de parcs dans des régions inhabitées et au large des côtes permet d'atténuer ces inconvénients.

La lumière produit de la lumière

Le grand beau
En Europe du Nord et dans le nord des États-Unis, la quantité d'énergie solaire disponible en juillet est 10 fois supérieure à celle reçue en janvier. Mais, même dans ces régions tempérées, le solaire présente de nombreuses applications économiquement viables.

Le soleil est un énorme réacteur à fusion, convertissant chaque seconde 5 millions de tonnes de matière en énergie au cours d'une réaction élevant la température de son cœur à 40 millions de degrés et la température de sa surface à pas moins de 6 000°C. Bien entendu, la Terre ne reçoit qu'une infime partie de l'énergie ainsi dégagée, l'immense majorité partant dans d'autres directions ou étant absorbée ou réfléchie par l'atmosphère externe. Mais malgré ces pertes, au milieu de l'été, la quantité d'énergie atteignant le sol des zones tempérées représente près de 1 kW par mètre carré. La quantité d'énergie solaire reçue en une année par les États-Unis dépasse de fait de 2 000 fois l'énergie produite par l'ensemble des centrales au charbon du pays.

Un brillant avenir

De nombreux scientifiques estiment qu'à long terme l'énergie solaire devrait devenir la plus importante des énergies renouvelables. À cela, deux raisons : contrairement au vent, aux vagues ou aux marées, dont l'exploitation est géographiquement limitée, toutes les régions du monde disposent d'une certaine quantité d'énergie solaire, même les plus froides ou les plus couvertes. Qui plus est, cette énergie peut être captée à l'aide de dispositifs de taille réduite, affranchissant ainsi les utilisateurs d'une dépendance à une source d'énergie centralisée.

Il y a plusieurs manières de convertir l'énergie solaire en chaleur et en électricité. L'approche la plus simple consiste à maximiser la quantité d'énergie « brute » reçue et emmagasinée par les bâtiments (voir p. 31) à l'aide d'installations solaires passives. Les systèmes dits actifs sont capables de concentrer et de traiter les rayons du soleil pour les convertir en électricité.

L'une des premières références à un tel système, bien que dans le cadre d'une application quelque peu incongrue, s'inscrit dans la légende grecque du IIe siècle avant J.-C. Pour se débarrasser des Romains assiégeant sa ville (Syracuse), le mathématicien Archimède aurait demandé aux soldats grecs de positionner leurs boucliers de bronze luisants selon un angle réfléchissant les rayons du soleil en direction des voiles des bateaux ennemis, les empêchant ainsi d'atteindre le rivage. Il s'agit peut-être d'un mythe, mais cette histoire repose sur des principes scientifiques reconnus. Ce sont d'ailleurs ces mêmes principes

“L'énergie solaire n'est pas encore exploitée parce que le soleil n'appartient pas au lobby pétrolier.”

Ralph Nader,
homme politique américain

La centrale solaire

Cette centrale solaire, située à Barstow, Californie, se compose de 1 800 miroirs disposés en cercles concentriques, chacun d'une taille de 7 × 7 m et faisant converger les rayons solaires vers un récepteur central, dont la température dépasse les 510°C.

La parabole
Le réflecteur parabolique géant du four d'Odeillo dans les Pyrénées-Orientales est particulièrement efficace pour concentrer et emmagasiner les rayons solaires.

qui ont servi à la conception de fours géants et de centrales solaires en Espagne, en Italie et aux États-Unis, pays disposant d'un bon ensoleillement. Ces installations se composent de centaines de miroirs plats, ou héliostats, orientés vers un même récepteur central – généralement placé au sommet d'une tour – et faisant monter sa température à plus de 600°C. Un courant d'huile synthétique y collecte la chaleur et la convertit en vapeur, qui entraîne des turbines couplées à un générateur.
La capacité des installations les plus importantes dépasse les 10 MW, permettant ainsi à l'énergie solaire de contribuer de manière significative à la production nationale, sachant que cette technologie est également adaptée à une échelle beaucoup plus réduite. Dans les PVD, par exemple, où une grande partie de l'énergie consommée est destinée à la cuisson d'aliments (jusque 75 %, contre 1 % aux États-Unis), la collecte de bois est une activité coûteuse en temps et

Bon appétit
L'utilisation de fours solaires dans les PVD permet d'atténuer les dommages causés par la collecte du bois de chauffe.

lourde de conséquences pour la végétation, conduisant à la désertification. L'utilisation de fours solaires miniatures pourrait offrir une solution à ce dilemme. Les dispositifs les plus efficaces se composent d'un miroir parabolique d'un mètre de diamètre, concentrant les rayons du soleil en un même point, au-dessus duquel se suspend le récipient à chauffer. Dans de bonnes conditions, il est possible de faire bouillir un litre d'eau en moins de trois minutes. Qui plus est, ces fours sont économiques à l'achat et fonctionnent exclusivement à l'énergie solaire.

Eau(x) chaude(s)

À l'heure actuelle, les PVD ont essentiellement recours à l'énergie solaire pour le chauffage de l'eau. Aux États-Unis, 2 millions de foyers sont équipés de panneaux solaires chauffant de l'eau avec une économie proche de 50 %. Ceux-ci sont constitués de fines plaques de métal de couleur sombre pour une absorption optimale des rayons. La chaleur est alors transférée vers un réseau de conduits d'eau placés contre la surface ou directe-

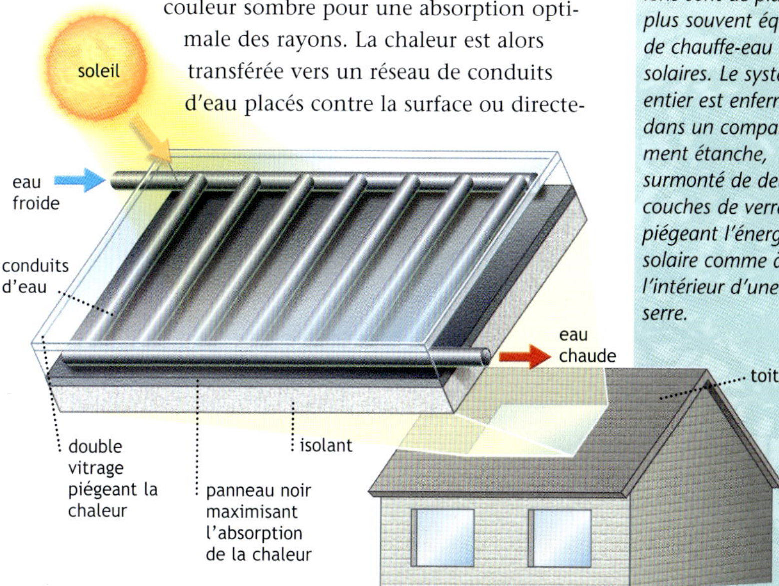

Les collecteurs solaires

Les nouveaux pavillons sont de plus en plus souvent équipés de chauffe-eau solaires. Le système entier est enfermé dans un compartiment étanche, surmonté de deux couches de verre piégeant l'énergie solaire comme à l'intérieur d'une serre.

Les cellules photovoltaïques (PV)

Les cellules PV représentent une source d'énergie compacte, durable, mais coûteuse. La plupart sont composées de cristaux de silicium « dopés » à l'aide d'impuretés pour des raisons de polarité. Deux types différents de silicium dopé, n (négatif) et p (positif), sont appliqués l'un contre l'autre et placés deux plaquettes en métal pour former la cellule à proprement parler. Lorsqu'un rayon lumineux percute un atome de silicium de la couche p, un électron s'échappe de la matrice cristalline. Les impuretés du silicium p empêchent l'électron de « revenir à sa place », l'obligeant à suivre le chemin de moindre résistance vers la couche n. Le « trou » positif ainsi créé migre quant à lui vers la couche p. En présence d'une forte lumière, un grand nombre d'électrons s'accumulent au niveau de la couche n et de nombreux trous rejoignent la couche p. L'union des deux couches génère un courant électrique.

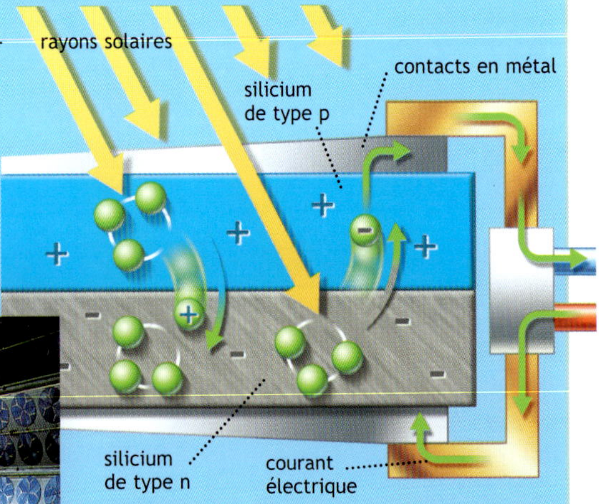

Le sandwich p-n

Au contact de la lumière, le semi-conducteur p d'une cellule solaire tend à prendre une charge positive, tandis que celui de la couche n tend à prendre une charge négative.

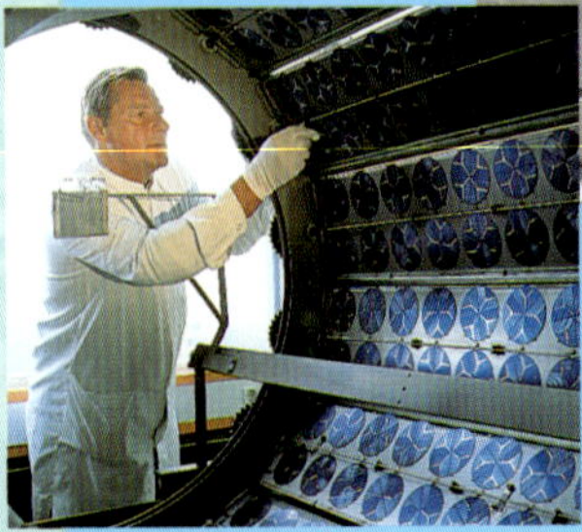

La fabrication des cellules

Les cellules PV, d'un rendement d'environ 30 %, sont fabriquées à partir d'un cristal de silicium de grande dimension, scié en disques fins.

ment à l'intérieur de chaque plaque. Le débit de l'eau est régulé par une pompe à contrôle thermostatique, qui assure un chauffage uniforme de l'eau jusqu'à une température de 82°C, quelle que soit l'intensité des rayons. La chaleur de cette eau est ensuite transférée vers le ballon d'eau chaude du domicile.
Une maison typique dans un état ensoleillé comme la Floride n'a besoin que de 4 m^2 de panneaux solaires pour subvenir aux besoins de tous ses occupants. L'intérêt de ces installations est qu'elles peuvent être associées au système de chauffage conventionnel pour réduire la facture d'électricité, même sous des climats moins cléments.

Tout en puissance
Les panneaux photovoltaïques incorporés dans la façade de cet immeuble de bureaux à Zurich, en Suisse, alimentent tout le bâtiment en électricité.

Le solaire, haute technologie

Depuis le début de leur renouveau dans la seconde moitié du XXe siècle, l'énergie photovoltaïque est incontestablement le fleuron des énergies renouvelables. Son utilisation dans l'aérospatiale, où elle servit tout d'abord à augmenter la durée de vie des satellites, s'est largement répandue, allant des calculatrices de poche aux centrales solaires les plus puissantes. Le potentiel de cette technologie a été révélé en 1990, lorsqu'un avion à propulsion solaire américain, le Sun Seeker, parcourut 4 060 km sans consommer une goutte de combustible.
L'énergie photovoltaïque se distingue fondamentalement des autres technologies présentées dans ce chapitre par le fait qu'elle repose sur l'effet photoélectrique, phénomène décrit à la fin du XIXe siècle par le physicien allemand Heinrich Hertz. Ce dernier découvrit que certains métaux émettent des électrons au contact de la lumière du soleil, pouvant être transformés en courant électrique avec

l'équipement approprié. C'est précisément cet effet qu'exploitent les cellules photovoltaïques, générant de l'électricité directement à partir de l'énergie solaire, sans déplacement de matière et sans avoir recours à la chaleur comme véhicule d'énergie. Qui plus est, l'élément constitutif de ces cellules, le silicium, est le deuxième élément le plus abondant de la croûte terrestre après l'oxygène. Cette technologie paraît trop belle pour être vraie, mais elle présente bel et bien un inconvénient : son coût prohibitif.

Le prix des cellules solaires est aujourd'hui 1 000 fois inférieur à ce qu'il était dans les années 50 et continue de chuter au fil des progrès techniques, mais, dans les pays nuageux, le prix de l'électricité produite par les grandes centrales photovoltaïques est encore environ 8 fois plus élevé que celui des centrales à gaz. Les maisons de ces pays nécessitent environ 10 m² de ces cellules pour satisfaire les besoins en électricité de leurs habitants, et leur coût de 10 à 20 000 € les rend inaccessibles à la majorité des foyers.

Les systèmes photovoltaïques se prêtent toutefois à de nombreuses applications utiles, telles que l'alimentation des relais radio isolés et l'apport d'électricité aux 2 milliards d'individus actuellement sans lumière dans les pays pauvres. Là, elle sert au fonctionnement de pompes à eau, à l'éclairage public et aux systèmes de réfrigération pour les hôpitaux. Elle fournit également un système de communication électronique aux régions les plus reculées.

Le satellite solaire

L'un des projets les plus ambitieux en matière d'énergie solaire envisage le placement d'un immense module photovoltaïque en orbite géostationnaire, nous transmettant l'énergie solaire captée sous forme de micro-ondes. Son avantage par rapport aux centrales solaires terrestres réside dans un fonctionnement permanent, uniquement entravé par les rares éclipses solaires.

Les générateurs verts

Les végétaux sont capables de stocker l'énergie solaire, ne rejettent aucun polluant dans l'atmosphère et n'entraînent aucun frais de fabrication ni de maintenance.

L'énergie solaire permet aux plantes vertes de puiser dans l'air et dans l'eau les matières premières nécessaires à leur développement, fabricant des sucres et rejetant de l'oxygène. La biomasse constitue ainsi une véritable réserve d'énergie chimique, libérée lorsque la plante brûle, se décompose ou est consommée par des animaux.

Les hommes ont recours aux propriétés combustibles du bois (et de la biomasse en général) depuis des millénaires, et certains pays, tels que le Kenya et le Népal, reposent encore à plus de 85 % sur cette source d'énergie. En vue de réduire leur dépendance vis-à-vis des combustibles fossiles, les pays industrialisés lui accordent aujourd'hui un intérêt accru : aux États-Unis, les générateurs verts couvrent déjà 3,6 % des besoins énergétiques sous forme de biocarburants, et les nouvelles directives européennes aspirent à une contribution de 8,3 % des énergies renouvelables d'ici 2010. Il existe diverses formes de biocarburants : certains proviennent de cultures spécialisées telles que les taillis de saule et le *Miscanthus* (une herbe aux allures de bambou), présentant une forte vitesse de croissance et pouvant être récoltés à l'aide d'engins

Carburant sur pied

Le saule nain, planté essentiellement pour la production d'énergie, est récolté et mis à brûler dans des fourneaux à quatre ans d'âge à peine.

Ordures, qui a dit ordures ?

Chaque année, les Américains produisent 84 millions de tonnes de papiers usés et 44 millions de tonnes de déchets organiques. L'État de New York produit à lui seul annuellement assez d'ordures pour recouvrir un terrain de football d'une montagne de 5 km de hauteur. Une partie de ces déchets est incinérée, la chaleur produite étant récupérée pour produire de l'électricité. Une autre partie est recyclée, mais la grande majorité est tout simplement enterrée dans de profondes fosses tapisées de films en plastique : les fameuses décharges. Avec le temps, ces ordures se décomposent, relâchant un mélange de gaz, en particulier du méthane et du CO_2, qui peuvent être mis à profit : à l'aide de réseaux de conduits perforés placés jusqu'à 20 m de profondeur dans le tas d'ordures, il est possible de canaliser les gaz combustibles vers des réservoirs de stockage, d'où ils sont ensuite envoyés à une centrale électrique reliée au réseau national.

Une montagne d'ordures

Les ordures de la ville de New York sont pour la plupart acheminées à la décharge de Fresh Kills, la plus grande au monde et officiellement le « point culminant » de la côte est des États-Unis.

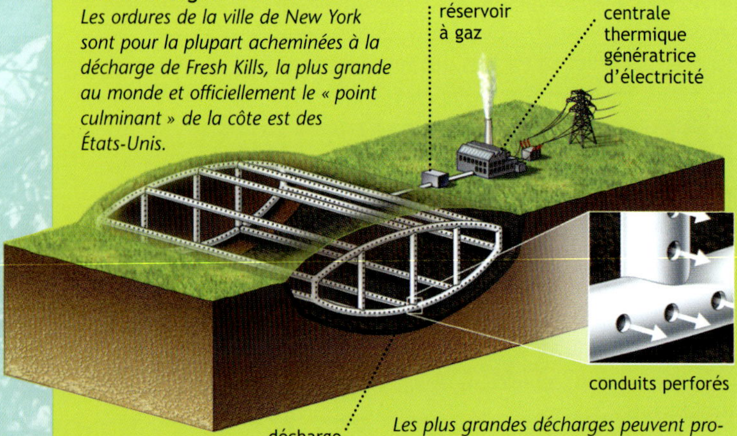

Les plus grandes décharges peuvent produire jusqu'à 1 000 m³ de gaz par heure.

classiques. Qui plus est, ces espèces permettent d'exploiter des terrains en jachère tout en formant des habitats temporaires pour de nombreuses espèces animales.

D'autres sont des produits dérivés d'activités agricoles ou forestières : avec l'équipement approprié, le foin, les copeaux de bois, les cosses de riz, les fibres de noix de coco, les ordures ménagères et le fumier peuvent tous devenir des combustibles.

Les centres de traitement

Les biocarburants, qui ne produisent pas plus de CO_2 que la décomposition naturelle et ne contribuent donc pas au réchauffement planétaire, ont trois applications différentes : les carburants solides peuvent servir au chauffage de bâtiments ou à la production de chaleur et d'électricité. Ils peuvent également exister sous forme liquide : le bio-éthanol (un alcool) s'obtient par exemple au moyen de la fermentation-distillation de résidus forestiers et de certains produits agricoles. Les huiles végétales peuvent quant à elles être converties en biodiesels. Ces biocarburants concentrés sont très faciles à transporter et peuvent se substituer au carburant utilisé par les automobiles ; de fait, pendant la crise énergétique des années 70, les stations-service américaines proposaient un mélange à base de bio-éthanol pour épargner les réserves de pétrole du pays. Alors que la production d'éthanol est encore

Une fiente en or

La fiente de volaille desséchée constitue un très bon combustible. Il existe en Grande-Bretagne une centrale électrique de 12,5 MW s'alimentant exclusivement de cette matière première.

Les copeaux à gaz

Les copeaux de bois sont introduits à l'intérieur d'un réacteur expérimental qui les convertit en un gaz riche en méthane, excellent substitut au gaz naturel.

Une centrale à biogaz
Cette installation de grande envergure au nord de l'Italie produit un gaz combustible à partir de résidus de sorgho.

relativement modeste, ce carburant propre devrait rapidement prendre son essor.

Enfin, en chauffant du bois à haute pression en présence d'un mélange de vapeur et d'oxygène, la biomasse peut être convertie en gaz combustible. Ce gaz, qui présente environ un dixième de la valeur énergétique du méthane pur, peut être « nettoyé » de ses différents polluants puis injecté dans des turbines à gaz à haut rendement (voir p. 10) pour produire de l'électricité. Une autre approche consiste à soumettre la biomasse à l'action de bactéries. Dans de bonnes conditions de température et d'humidité, celles-ci peuvent venir à bout de n'importe quel type de matière organique, relâchant du méthane comme produit secondaire. On produit déjà du « biogaz » en quantité industrielle. Les matières premières, généralement du fumier ou des débris végétaux humides, sont confinées à l'intérieur d'une vaste cuve métallique (jusqu'à 2 000 m^3) et maintenus à 35°C pendant 10 à 25 jours. Le gaz résultant, environ 400 m^3 par tonne de matière organique sèche, est ensuite employé à la production d'électricité, tandis que les boues résiduelles sont utilisées comme engrais.

Le biogaz constitue déjà une importante source d'énergie dans les PVD, utilisé par exemple par deux tiers des foyers ruraux chinois. Cette technologie connaît par ailleurs actuellement un grand essor dans les pays industrialisés, où les petites unités de production se nourrissant d'ordures ménagères ont commencé à proliférer.

État d'ivresse
L'alcool (éthanol) obtenu par la distillation de la canne à sucre représente plus de 40 % du carburant utilisé par les voitures au Brésil.

L'énergie du sol

Nous vivons à la surface d'une énorme chaudière. À des milliers de kilomètres sous nos pieds, l'énergie dégagée par la désintégration d'éléments naturellement radioactifs maintient l'intérieur de la planète à des températures allant jusqu'à 7 000°C. Ce vaste réservoir de chaleur se manifeste de manière spectaculaire par les coulées de lave qui accompagnent les éruptions volcaniques ainsi que sous la forme d'eau bouillante et de vapeur au niveau des sources d'eau chaude et des geysers.

Les hommes exploitent l'énergie géothermique depuis des siècles. Les Romains creusaient des puits de vapeur pour chauffer leurs maisons et dans certaines villes, telle Reykjavik en Islande, le réseau de chauffage dépend entièrement de cette source d'énergie.

L'éruption
L'éruption du volcan Kilauea (îles Hawaii), l'un des volcans les plus actifs au monde, est une preuve de l'énergie contenue sous l'écorce terrestre. La température du magma en ébullition peut dépasser les 1 200°C.

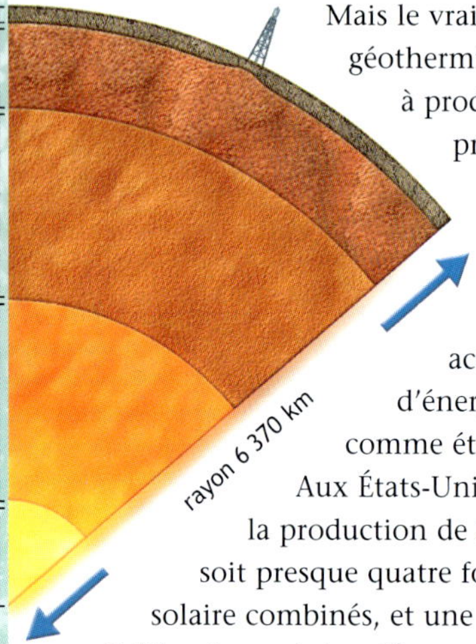

Mais le vrai potentiel de la géothermie réside dans sa capacité à produire de l'électricité. La première centrale géothermique fut mise en service en 1913 à Larderello, dans le nord de l'Italie, et à l'heure actuelle cette source d'énergie renouvelable apparaît comme étant des plus prometteuses. Aux États-Unis, elle est impliquée dans la production de 2 850 MW d'électricité, soit presque quatre fois plus que l'éolien et le solaire combinés, et une seule centrale en Californie produit suffisamment d'électricité pour subvenir aux besoins d'Oakland (400 000 habitants) et de San Francisco (800 000 habitants).

La chaleur terrestre est dégagée en tout point du globe, mais rares sont les endroits où sa concentration permet

Planète en fusion

La Terre présente une structure en couches, la température augmentant avec la profondeur. Au niveau de l'écorce solide, les températures augmentent d'environ 2°C tous les 90 m. Dans la partie supérieure du manteau, la roche à demi-fondue est à 1 000°C. La température continue d'augmenter en direction du noyau. Le magma ne rejoint la surface qu'en certains points du globe, au niveau de fractures dans l'écorce terrestre, appelés points chauds.

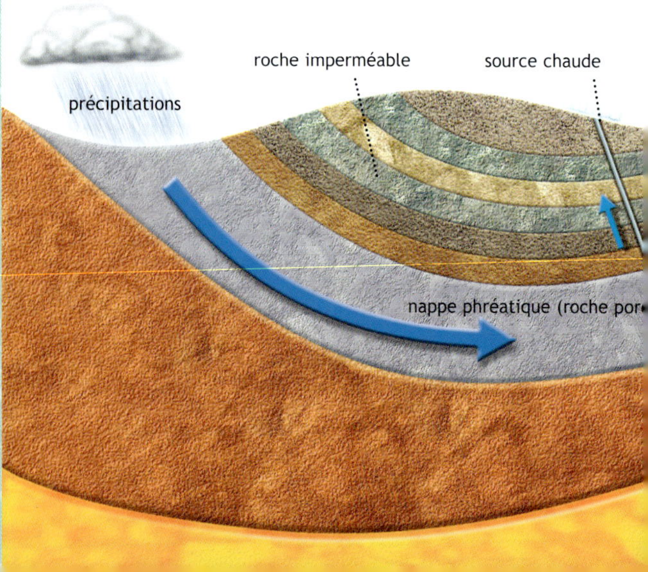

une exploitation économiquement viable. Ces « points chauds » se situent partout où la roche semi-liquide du manteau terrestre traverse l'écorce jusqu'à environ 1,6 km de la surface.

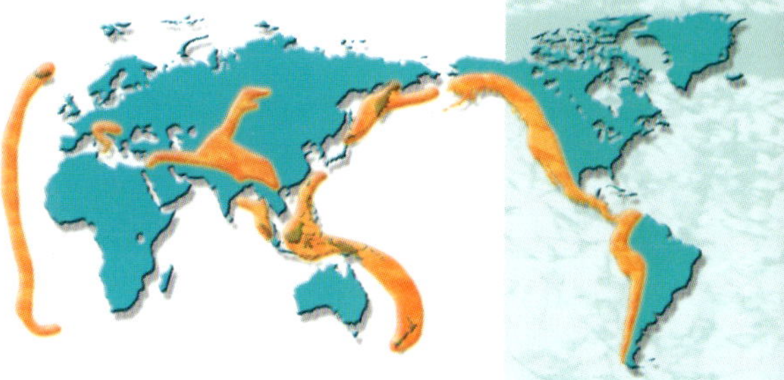

Cette chaleur peut être exploitée en creusant un puits jusqu'au magma et en injectant de l'eau au travers de la roche en fusion, mais cette approche est risquée en raison des possibles remontées de lave. Dans la pratique, les applications géothermiques commerciales exploitent des nappes phréatiques d'une température variant de 150 à 250°C, et transformées en vapeur par le magma sous-jacent. Cette vapeur est envoyée vers un jeu de turbines et de générateurs pour produire de l'électricité (voir p. 10). Il est souvent possible de créer des réservoirs d'eau artificiels au-dessus des points

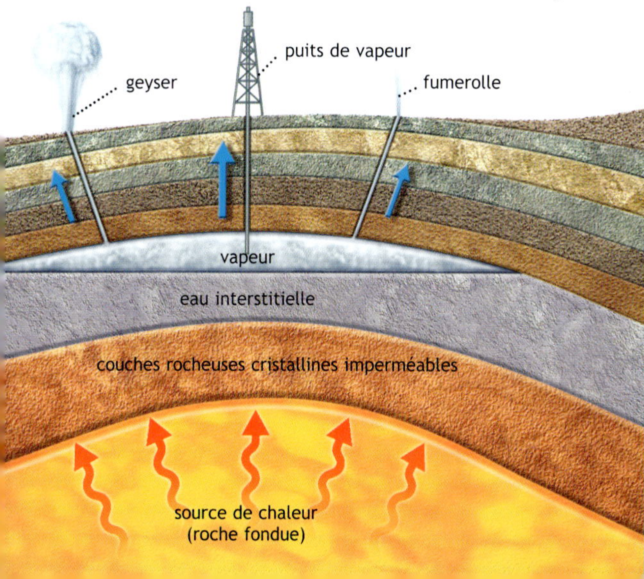

Les points chauds

On observe des remontées de magma à chaque rencontre de deux plaques tectoniques. Ces zones à fort potentiel géothermique se caractérisent généralement par une intense activité sismique et volcanique.

Le générateur terre

L'énergie géothermique peut être exploitée partout où du magma proche de la surface terrestre réchauffe les eaux d'une nappe phréatique. Quand elle ne s'échappe pas naturellement de geysers et de sources chaudes, la vapeur piégée sous la roche est puisée à l'aide de forages et canalisée vers des turbines.

La centrale géothermique
Les eaux chaudes du Lagon Bleu, près de la centrale électrique de Svartsengi en Islande, sont en permanence réalimentées par les eaux de refroidissement de l'installation.

chauds en injectant de l'eau dans les fissures de la roche, la récupération de la vapeur ainsi produite permettant d'extraire l'énergie des profondeurs.

La prospection en profondeur

Le principal attrait de l'énergie géothermique est sa concentration. À la différence des autres sources d'énergie renouvelables, la géothermie permet de produire une quantité d'électricité appréciable à partir d'une surface au sol réduite. Le secteur progresse actuellement à un taux de 8 % par an, et les pronostics font état d'un potentiel de production de 115 000 MW en ne considérant que les États-Unis. Mais cette technologie a également ses détracteurs : les écologistes soutiennent que l'extraction de vapeurs souterraines entraîne la remontée de polluants tels que le sulfure d'hydrogène, ainsi que de minéraux toxiques susceptibles de polluer les lacs et rivières. Les centrales géothermiques rejettent également du CO_2, le principal gaz à effet de serre. Ces émissions sont toutefois très faibles, de l'ordre du millième de celles des centrales à combustibles fossiles.

Les réalités alternatives

Les investisseurs avertis savent que les énergies vertes représentent actuellement l'un des secteurs les plus prometteurs. L'éolien constitue déjà un marché de plus de 2 milliards d'euros et les principaux producteurs d'énergie sont tous en train d'adopter de nouvelles technologies. Shell estime que 50 % des besoins en énergie de la planète pourraient être couverts par les énergies alternatives d'ici 2050. Le principal argument contre ces nouvelles sources d'énergie a longtemps été leur coût prohibitif : pourquoi s'engager dans de lourdes dépenses quand on dispose d'abondantes réserves de combustibles fossiles ? Mais cette rhétorique n'est plus valable dès lors que l'on considère le coût réel de l'utilisation de ces carburants. L'ICTA, un groupe de réflexion américain, évalue la facture sociale et environnementale d'un litre d'essence à une valeur allant de 5 à 15 fois son prix à la pompe (en considérant notamment le

L'ancien et le nouveau
Nos besoins énergétiques seront bientôt couverts par un mélange de combustibles fossiles et d'énergies renouvelables. Cette station-service londonienne tire toute l'électricité nécessaire à son fonctionnement de son toit couvert de cellules photovoltaïques.

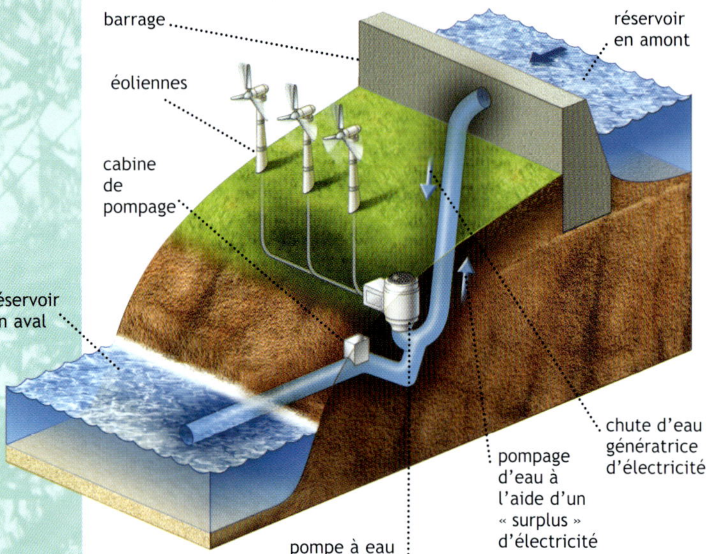

Le stockage d'énergie
L'électricité produite par un parc d'éoliennes peut servir à pomper de l'eau vers l'amont, formant ainsi une réserve d'énergie disponible sur demande à l'aide d'une simple inversion de flux et en utilisant la pompe comme générateur combiné au réseau électrique local.

coût du nettoyage des marées noires et les avantages fiscaux généralement accordés aux compagnies pétrolières). De nombreux pays tentent actuellement de promouvoir l'adoption des énergies renouvelables à l'aide de subventions directes et de lois sur les émissions. En Grande-Bretagne, les compagnies électriques seront bientôt obligées de réaliser au minimum 10 % de leur production à partir d'énergies renouvelables. Cette transition est en partie motivée par les consommateurs. La déréglementation du marché de l'énergie à la fin des années 90 leur a en effet permis de choisir leur fournisseur d'électricité, ce qui s'est traduit par un mouvement général en faveur des compagnies présentant le meilleur bilan environnemental, accélérant ainsi la transition vers les énergies alternatives. Dans les années à venir, celles-ci devraient voir progresser considérablement leur contribution à la production d'électricité, allant même peut-être jusqu'à supplanter les combustibles fossiles. Mais il reste auparavant un problème majeur à résoudre : la fiabilité de la distribution. Une source d'énergie n'est en effet utile que si elle est disponible au bon endroit et au bon moment. La consommation d'électricité varie par exemple au cours de l'année et même au cours de la journée, alternant entre des périodes creuses et des heures de pointe. Alors que les centrales à gaz peuvent être enclenchées ou arrêtées au gré de ces fluctuations, les sources d'énergie renouvelables se prêtent rarement à ce genre de régulation.

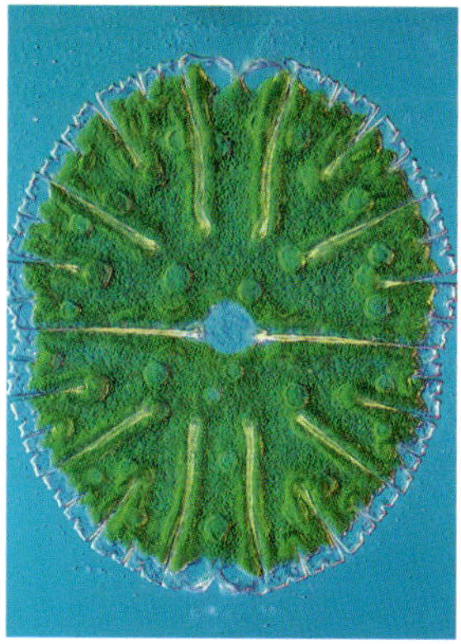

La solution la plus fréquente consiste souvent à stocker l'énergie en excès et à la relâcher au moment des pics de consommation, par exemple en pompant de l'eau vers l'amont et en la retenant par un barrage. Les énergies renouvelables en surplus, sous forme de chaleur ou d'électricité, peuvent également servir à la division de molécules d'eau en oxygène et hydrogène gazeux, pouvant être liquéfiés pour des raisons de stockage et de transport, puis réassociés pour la production d'électricité au sein de dispositifs appelés piles à combustible. Le rendement de ces dernières atteint les 70 %, rejetant de l'eau pour toute émission. Elles trouvent déjà une application significative dans l'industrie automobile et constituent pour beaucoup la source d'énergie du futur.

L'hydrogène vert

Dans les conditions appropriées, certaines algues produisent de l'hydrogène à partir de molécules d'eau. Des chercheurs de l'université de Californie évaluent le potentiel de cet hydrogène comme combustible.

La voiture propre

Cette voiture est conçue pour fonctionner à l'hydrogène au sein d'une pile à combustible. D'une autonomie de 300 km, elle ne produit aucune pollution.

La maison du futur

Au cours des prochaines années, les grands producteurs d'électricité seront susceptibles d'adopter de nouvelles technologies de production. La part des énergies renouvelables dans l'électricité consommée par les foyers est appelée à augmenter, et d'ici peu nous pourrions fort bien tous rouler à l'éthanol ou à l'hydrogène. Mais la promesse de ces technologies alternatives réside également dans leur capacité d'adaptation. Alors qu'il est impossible de concevoir une raffinerie de pétrole ou une centrale thermique à petite échelle, les installations solaires peuvent s'adapter à tous types de bâtiments. Le rendement énergétique de nos domiciles et appareils ménagers pourrait être grandement optimisé, et la contribution des énergies alternatives est appelée à augmenter avec la réduction de son coût et l'augmentation du prix des combustibles fossiles. La figure ci-contre présente une sélection d'innovations possibles à l'échelle d'une maison individuelle.

L'éco-maison
Le projet de maison Integer *au Royaume-Uni a recours à un grand nombre de technologies pour maximiser les économies d'énergie.*

Le contrôle high-tech
Température et consommation d'électricité peuvent être contrôlées par ordinateur et optimisées à l'aide de la mise en réseau des appareils électroménagers.

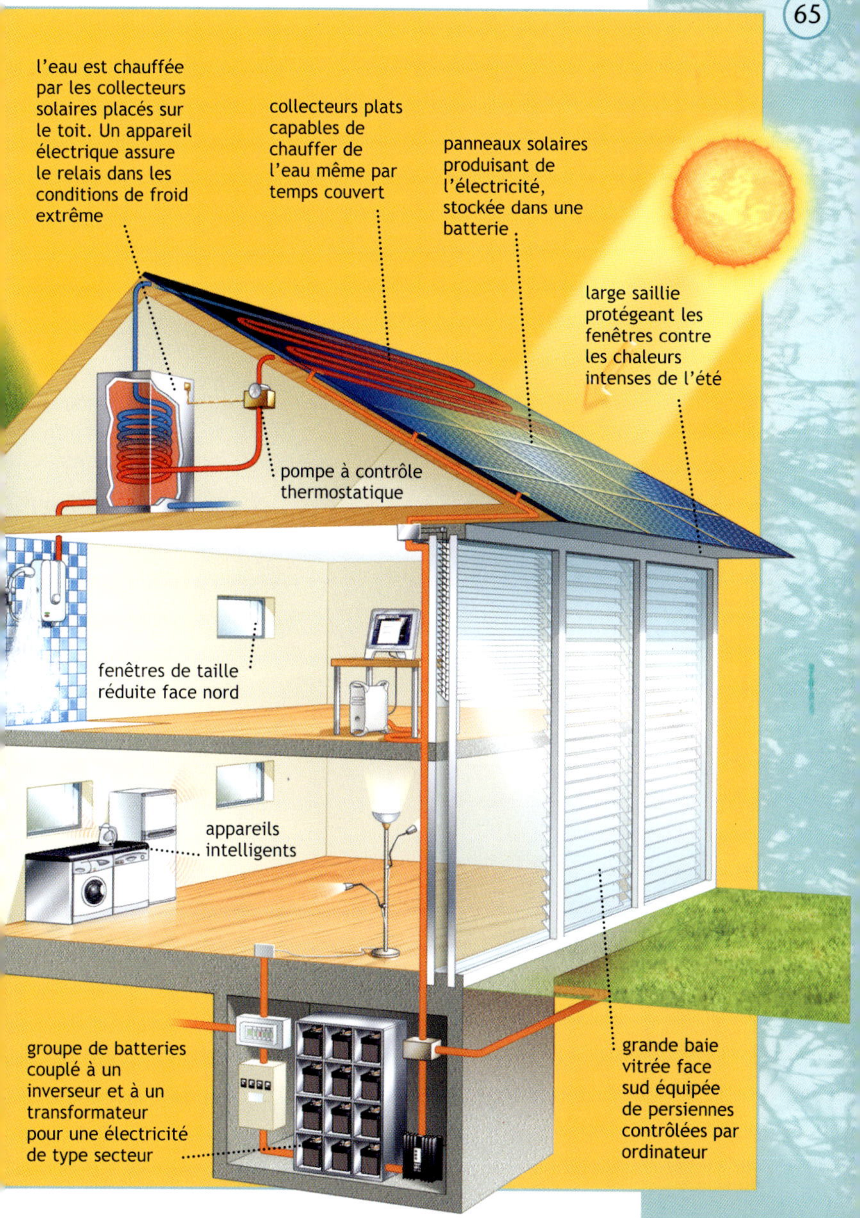
l'eau est chauffée par les collecteurs solaires placés sur le toit. Un appareil électrique assure le relais dans les conditions de froid extrême
collecteurs plats capables de chauffer de l'eau même par temps couvert
panneaux solaires produisant de l'électricité, stockée dans une batterie
large saillie protégeant les fenêtres contre les chaleurs intenses de l'été
pompe à contrôle thermostatique
fenêtres de taille réduite face nord
appareils intelligents
groupe de batteries couplé à un inverseur et à un transformateur pour une électricité de type secteur
grande baie vitrée face sud équipée de persiennes contrôlées par ordinateur

Glossaire

Aérofoil
Corps dont la forme assure un effet de portance à la perpendiculaire de son déplacement ou du sens de déplacement du fluide dans lequel il baigne.

Armature
Bobine de fil conducteur constituant la partie mobile d'un générateur électrique.

Baril
Unité de mesure standard de l'industrie du pétrole. Un baril a un volume de 160 litres.

Barrage
Obstacle placé en travers d'un cours d'eau pour interrompre son flux et augmenter sa profondeur.

Biogaz
Mélange gazeux produit par la fermentation de matière organique, essentiellement constitué de méthane et de dioxyde de carbone.

Biomasse
Toute matière organique contenant de l'énergie emmagasinée sous forme d'énergie chimique, généralement au sein de composés de carbone. S'obtient généralement à partir de bois, de fumier, de résidus de récoltes et d'ordures ménagères.

British thermal unit
Unité d'énergie. Une Btu est la quantité d'énergie nécessaire pour élever la température d'une livre d'eau d'un degré Fahrenheit. Un degré Celsius est égal à 33,8 degrés Fahrenheit.

Cellule solaire
Appareil statique reposant sur l'effet photovoltaïque pour exploiter l'énergie solaire et la convertir directement en électricité.

Chauffage solaire actif
Système de chauffage constitué d'un collecteur solaire relié à des pompes ou les ventilateurs.

Chauffage solaire passif
Système de chauffage solaire faisant usage des propriétés d'un bâtiment pour concentrer et emmagasiner la chaleur solaire. Certains bâtiments sont entièrement conçus dans l'optique d'une optimisation de l'absorption et de la retenue de chaleur.

Combustible fossile
Combustible – charbon, pétrole ou gaz naturel – issu de débris végétaux et d'animaux fossilisés.

Conduite forcée
Dans une centrale hydroélectrique, canalisation à haut débit apportant l'eau vers la turbine.

Demi-vie
Temps nécessaire à la désintégration de la moitié des atomes d'une quantité quelconque de radionucléide.

Développement durable
Mode de développement répondant aux besoins des générations actuelles sans compromettre la capacité des générations futures de réponde aux leurs.

Dioxyde de carbone (CO_2)
Gaz incolore issu de la calcination de combustibles à base de carbone. Naturellement présent dans l'atmosphère terrestre, ce gaz joue un rôle fondamental dans l'effet de serre.

Échangeur de chaleur
Dispositif permettant de transférer de la chaleur entre deux gaz ou deux liquides.

Effet de serre
Réchauffement de l'atmosphère terrestre du fait de la rétention de la chaleur solaire par des gaz (essentiellement le CO_2, le méthane et l'ozone).

Effet photovoltaïque
Ejection d'électrons de la surface d'un métal au contact des rayons du soleil.

Électricité verte
Expression s'appliquant à toute électricité provenant de ressources naturelles.

Électron
Constituant élémentaire de l'atome, porteur d'une charge négative.

Énergie chimique
Énergie stockée dans les liaisons chimiques d'une molécule.

Énergie cinétique
Énergie d'un corps en mouvement.

Énergie électrique
Énergie véhiculée par un flux d'électrons circulant au travers d'un conducteur ou par des ondes électromagnétiques, telles que les ondes lumineuses.

Énergie potentielle
Énergie de position d'un corps se trouvant dans un champ de force.

Énergie renouvelable
Énergie utile provenant de la transformation d'une source d'énergie renouvelable.

Ensoleillement
Quantité d'énergie solaire reçue par une certaine surface.

Éthane
Gaz incolore, inodore et inflammable fréquemment présent dans le gaz naturel.

Éthanol
Liquide organique incolore pouvant être produit par la fermentation de sucres.

Fission
Division spontanée ou forcée d'un noyau atomique lourd en deux noyaux légers.

Fusion
Action de souder deux noyaux atomiques légers en un noyau lourd. L'énergie dégagée provient de la perte de masse du produit.

Force de gravitation
Loi élémentaire définissant les forces d'attraction s'exerçant entre deux masses.

Gaz naturel
En principe tout gaz issu de l'écorce terrestre, mais cette appellation fait généralement référence aux gaz associés à l'extraction du pétrole (méthane, éthane et dioxyde de carbone).

Générateur
Appareil convertissant l'énergie mécanique (mouvement) en énergie électrique.

Géothermie
Exploitation de la chaleur naturelle contenue dans le sous-sol.

Giga (G)
Préfixe utilisé pour dénoter un multiple de 1 000 000 000 (10^9). Un gigawatt (GW) est égal à 10^9 watts.

Hydrocarbure
Composé chimique formé uniquement de carbone et d'hydrogène.

Hydroélectricité
Électricité produite à partir de l'exploitation d'une masse d'eau en mouvement.

Hydrothermie
Type d'énergie géothermique exploitant les eaux chaudes souterraines pour entraîner des turbines en surface.

Isotopes
Deux ou plusieurs formes d'un même élément ne différant que par leur nombre de neutrons.

Joule
Unité d'énergie du système international d'unités. Un joule (J) est le travail produit par une force constante d'un Newton (N) lorsque son point d'application se déplace d'un mètre dans sa propre direction.

Kilo (k)
Préfixe grec signifiant « mille » (10^3). Un kilowatt (kW) correspond donc à 1 000 watts.

Lumière
Forme de radiation électromagnétique d'une longueur d'onde comprise entre 400 et 800 nm (un nanomètre correspond à un milliardième de mètre) détectable par l'œil humain.

Magma
Masse de roche fondue située sous l'écorce et le manteau terrestres.

Méga (M)
Préfixe grec signifiant « million » (10^6). Un mégawatt (MW) correspond donc à un million de watts.

Méthane
Gaz incolore et inodore, constituant principal du gaz naturel.

Minerai
Minéral de l'écorce terrestre riche en éléments utiles.

Nappe phréatique
Formation rocheuse perméable retenant et distribuant suffisamment d'eaux souterraines pour alimenter des puits.

Neutron
Particule élémentaire du noyau de l'atome, dépourvue de charge électrique.

Newton
Unité de force du système international. Un newton (N) est la force capable de communiquer une accélération de 1 m/s^2 à une masse de 1 kg.

Noyau
Partie dense et positivement chargée de l'atome, composée de protons et de neutrons.

PH
Mesure du degré d'acidité ou d'alcalinité d'un composé chimique. Le pH de l'eau pure (7) est le point neutre, les acides et les bases se caractérisant respectivement par un pH inférieur et supérieur.

Pile à combustible
Appareil produisant un courant électrique à partir d'une réaction chimique entre l'hydrogène et l'oxygène.

Plasma
Gaz conducteur d'électricité composé d'un nombre égal de noyaux positivement chargés et d'électrons.

Pli anticlinal
Plissement convexe à polarité positive et de grande dimension, d'un diamètre moyen de 100 à 300 km.

Pluie acide
Pluie contenant une forte concentration d'acide nitrique ou sulfurique.

Premier principe de la thermodynamique
Loi physique décrivant la conservation de l'énergie à l'intérieur d'un système clos. On parle aussi de principe d'équivalence, dans la mesure où il exprime l'équivalence entre les diverses formes d'énergie.

Proton
Particule élémentaire du noyau de l'atome, de charge positive.

Radioactivité
Désintégration spontanée d'éléments lourds se traduisant par l'émission de rayons X, d'électrons rapides ou de noyaux d'hélium à charge positive.

Réserves
Quantité d'une source d'énergie disponible avec les technologies d'extraction actuelles.

Stockage d'électricité par pompage
Moyen de récupérer l'électricité produite en excès. L'énergie est utilisée pour pomper de l'eau vers un réservoir en amont dans le but de la relâcher pour produire de l'électricité en période de pointe.

Téra (T)
Préfixe utilisé pour dénoter un multiple de 1 000 000 000 000 (10^{12}). Un térawatt (TW) est égal à 10^{12} watts.

Thermodynamique
Étude des transformations d'énergie sous toutes ses formes.

Thermostat
Système de contrôle conçu pour maintenir un espace clos à température constante.

Travail
Mesure des variations d'énergie occasionnées par le déplacement d'un objet.

Turbine
Dispositif comprenant un groupe de pales montées sur un axe central et mû par le déplacement d'un fluide, tel que l'eau, la vapeur ou tout autre gaz, en général dans le but d'entraîner un générateur électrique.

Turbine à gaz
Appareil utilisant la force d'expansion de gaz brûlants – généralement issus de la combustion d'un carburant – pour produire de l'électricité.

Watt
Unité de puissance du système international. Un watt (W) est égal à un joule par seconde.

Index

Lectures conseillées

Transforming Electricity : The Coming Generation of Change, Walt Patterson, Earthscan, 1999.

Prospects for Sustainable Energy, Edward S. Cassedy Jr, Cambridge University Press, 2000.

Energy, Roger A. Hinrichs, Lin Kleinbach, Thomson Learning, 2001.

Energy and the Environment, Peter Hodgson, Bowerdean Publishing, 1997.

Renewable Energy, Godfrey Boyle, Oxford University Press, 1996.

Ecohouse : a Design Guide, Sue Roaf, Christopher Day, Architectural Press, 2001.

Eco-tech, Catherine Slessor, Thames and Hudson, 2001.

Sites Web utiles

WRI (*World Resources Institute*) www.wri.org

EIA (*Energy Information Administration*) www.eia.doe.gov

ICTA (*International Center for Technology Assessment*) www.icta.org

Remerciements de l'auteur

Mes remerciements aux personnes suivantes pour leur collaboration à la rédaction de cet ouvrage : John Alston d'Anglia Encrops, Debbie Collins de British Biogen, Peter Fraenkel de Marine Current Turbines Ltd, BRE et Alison Hill de l'Association Britannique pour l'Énergie Eolienne. Merci également à Hazel Richardson pour la pertinence de ses observations quant au style littéraire, à toute l'équipe de cobalt id pour leur travail graphique et leur professionalisme, et à Judith pour tout le reste.

Couverture

Nathalie Godwin

Illustrations

Richard Tibbits, AntBits illustration

Crédits photographiques

Anglia Encrops : 53. British Biogen : 32. British Wind Energy Association : 44. Building Research Establishment : 64. Cobalt id : 17 (tr), 26, 31 (tr), 46. DigitalVision : 16, 20, 45, 31 (br). Marine Current Turbines Ltd : 39 (tr). NASA : 2, 39 (br). Science Photo Library : Alex Bartel 5 ; George Bernard 8 ; Novosti 9 ; US Dept of Energy 10 ; W.T. Sullivan III 12 ; Peter Menzel 13, 15 ; Pat & Tom Leeson 17 (br) ; Simon Fraser 18 ; Sandia National Laboratories 21, 22 (tl) ; Martin Bond 22 (br), 51, 61, 63 ; Phillipe Plailly/Eurelios 27 (tr) ; US Dept of Energy 27 (br) ; John Mead 33 ; David Parker 34 ; NASA 43 ; Peter Menzel 47 ; Tony Craddock 48 ; Rosenfeld Images Ltd 50 ; Simon Fraser 54 ; US Dept of Energy 55 ; Tommaso Guicciardini 56 ; Simon Fraser 57 ; Bernhard Edmaier 60.

Nous avons fait tous les efforts possibles pour identifier les différents auteurs. L'éditeur s'excuse par avance pour toute omission involontaire et serait heureux d'y remédier dans les futures éditions de cet ouvrage. Toutes les autres photographies et illustrations sont la propriété de Dorling Kindersley. Pour plus d'informations, consultez le site Web de l'éditeur : **www.dkimages.com**